ERNST PETER FISCHER zählt zu den renommiertesten Vermittlern von populärer Naturwissenschaft. Unter seinen zahlreichen Veröffentlichungen finden sich u. a. der Bestseller *Die andere Bildung* (2001), die kurzweilige Biografie *Der kleine Darwin* (2009) und *Durch die Nacht* (2015), eine faszinierende Reise durch die dunklen Gefilde unseres Lebens. Ernst Peter Fischer lebt in Heidelberg.

Noch wichtiger als das Wissen ist die Phantasie in der Presse:

»Ernst Peter Fischer erklärt dem Volk alles, was es über Naturwissenschaft wissen muss.«
Die Zeit

Außerdem von Ernst Peter Fischer lieferbar:

Durch die Nacht. Eine Naturgeschichte der Dunkelheit
Niels Bohr. Physiker und Philosoph des Atomzeitalters
Der kleine Darwin. Alles, was man über Evolution wissen sollte
Die Verzauberung der Welt
Max Planck. Der Physiker
Schrödingers Katze auf dem Mandelbrotbaum. Durch die Hintertür zur Wissenschaft
Warum Spinat nur Popeye stark macht. Mythen und Legenden in der modernen Wissenschaft

Ernst Peter Fischer

»NOCH WICHTIGER ALS DAS WISSEN IST DIE PHANTASIE«

Die 50 besten Erkenntnisse der Wissenschaft
von Galilei bis Einstein

PENGUIN VERLAG

FSC www.fsc.org
MIX
Papier | Fördert gute Waldnutzung
FSC® C014496

Penguin Random House Verlagsgruppe FSC® N001967

5. Auflage

Umschlag: any.way, Heidi Sorg unter Verwendung von Motiven von iStock/Signature Collection/221A, iStock/Signature Collection/duncaN1890, iStock/Signature Collection/nicoolay
Redaktion: Usch Kiausch, Mannheim
Satz: Greiner & Reichel, Köln
Druck und Bindung: GGP Media GmbH, Pößneck
Printed in Germany
ISBN 978-3-328-11111-5
www.penguin-verlag.de

INHALT

ZUR EINFÜHRUNG

»Phantasie ist wichtiger als Wissen, denn Wissen ist begrenzt, und Phantasie umfasst die ganze Welt.« Eine schöne Erkenntnis, die dem überlebensgroßen Albert Einstein zugeschrieben wird und diesem Buch in abgewandelter Form den Titel gibt. Und auch wenn niemand genau sagen kann, wann und wo Einstein sie formuliert hat, so fällt es den meisten Menschen leicht, dem Gesagten zuzustimmen. In diesem Buch sollen denn auch Männer und Frauen zu Wort kommen, die als Forscher eine Fülle von Wissen angehäuft, dabei aber nicht vergessen haben, dass es Qualitäten gibt, die wichtiger sind. Die Phantasie gehört ebenso dazu wie ihre Weisheit, nach der sich viele Zeitgenossen sehnen.

Wenn ein neugieriges Mitglied der Art Homo sapiens, also ein von Biologen als »weiser Mensch« eingestuftes Lebewesen, in dem großen Nachschlagewerk namens Wikipedia nachschaut, was gelehrte Frauen und Männer unter der Weisheit verstehen, die ihm offenbar durch seine Geburt und seine Herkunft zukommt, dann verweist die enzyklopädische Auskunft zuerst auf die Weisheit alter Männer und danach auf Weisheiten aus dem alten China. Selbst einfältige Menschen dürfen jetzt fragen, warum die Frauen fehlen, wo der neue Osten und die Jungen bleiben und weshalb der Westen keine Rolle spielt. Wenn dasselbe Mitglied derselben Art mit demselben Computer jetzt bei Amazon nach Büchern schaut, die das Wort »Weisheit« im Titel führen, tauchen die Weisheit der Pferde, die Weisheit der Indianer, die Weisheit der Tuareg, die Weisheit der Buddhisten und viele andere Weisheiten vor seinem Auge auf, was abermals verwundert, weil in sämtlichen Titeln die Wissenschaft fehlt. Dafür bekommen hier sogar die Weisheitszähne ihren Auftritt, wobei diese Bezeichnung für die spät sich zeigenden Zähne von Menschen aus Persien stammt. Sie wurde dann mit *dentes intellectus* ins Lateinische übersetzt – wobei man diese intellektuellen Zähne wahrscheinlich öffnen muss, um die Löffel mit der Weisheit dazwischen zu bekommen, die viele Menschen meinen gefressen zu haben.

Weisheit hat offenbar bereits im Mund etwas mit dem Alter zu tun, und vielleicht sollte man erst gegen Ende eines oder seines Lebens versuchen, sich auf Weisheiten und ihre Qualitäten einzulassen, auch wenn man seit Jugendtagen damit beschäftigt ist. In meiner Schulzeit war solch eine Empfehlung zur geduldigen Gelassenheit zu hören, wobei es einen Philosophielehrer gab, der meinte, den Jungen – vor den Zeiten der Koedukation – beibringen zu können, was kluge Sätze von weisen unterscheidet. Als kluger Satz wurde die Bemerkung von Karl Marx eingestuft, in der es sinngemäß heißt, dass die Philosophen dauernd versucht hätten, die Welt zu interpretieren, während es in Wirklichkeit darauf ankomme, sie zu verändern. Als weise stufte der Lehrer zunächst mit einem ironischen Unterton die Feststellung ein, dass sich Marx da unnötig abmühe, denn die Welt habe nie etwas anderes getan, als sich zu verändern, und zwar vor allem, seit sich Menschen in ihr austoben. Für das Verändern benötige man auf keinen Fall besondere Gelehrte. Sie benötige man hingegen, um die Welt zu verstehen, und vielleicht – so der Lehrer – sei der- oder diejenige gut beraten und also auf dem Weg zur Weisheit, der diese Reihenfolge einhalten kann, also erst die Welt zu verstehen versucht, bevor er sich daranmacht, sie zu verändern (wobei sie auch Schaden nehmen und sogar zugrunde gerichtet werden kann).

Das mit dem Verstehen versuchte bekanntlich auch Albert Einstein, der dann – immer noch in der Schule – mit dem weisen Satz zitiert wurde, dass Weisheit nicht das Ergebnis von Bildung sei, sondern durch den lebenslangen Versuch zustande komme, sie zu erwerben – wobei sich die Knaben in ihren Sitzbänken in aller Ruhe überlegen konnten, wen Einstein mit dem »sie« meinte, die Bildung oder die Weisheit.

Auf jeden Fall wird mit dem klugen Zitat klar, dass Weisheit – oder auch Erkenntnis, um noch einmal auf den Titel dieses Buches zu verweisen – ihre Zeit braucht und man sich umfassend um sie bemühen kann, während Letztere vergeht. Merkwürdigerweise suchen viele Menschen in westlich ausgerichteten (europäisch-abendländischen) Kulturen nach Weisheiten im Osten, was sich unter anderem an den vielen Bänden zeigt, die Buchhandlungen dazu in eigenen Abteilungen vorrätig haben und die vom Tao der Physik ebenso künden wie vom Tao der Liebe. Wer in seine Suchmaschine »östliche Weisheit« eingibt, wird von der Titelfülle fast erschlagen, wobei besonders häufig auf die Schriften des Dalai Lama verwiesen wird, des tibetanischen Buddhisten und »ozeangleichen Lehrers«, wie es heißt. Wer es stattdessen mit »westlicher Weisheit« versucht, findet viel weniger Resonanz und eher so etwas wie die *Weisheit der Urvölker für westliche Köpfe* oder *Fernöstliche Lehren für den westlichen Alltag*.

Allmählich kommt man sich dabei als Europäer ratlos und ungerecht behandelt vor. Haben die klugen Köpfe im Osten wirklich mehr Weisheiten zu bieten als die westlichen Wettbewerber um die Wahrheit? Warum verkündet man es als eine Weisheit, wenn der Dalai Lama sagt: »Wenn du sprichst, wiederholst du nur, was du schon weißt, wenn du aber zuhörst, kannst du unter Umständen etwas Neues erfahren«? Der Satz ist wahrscheinlich weder weise noch richtig, wie Kenner der europäischen Literatur wissen, die einen Heinrich von Kleist hervorgebracht hat. Kleist hat über das allmähliche Verfertigen der Gedanken beim Reden nachgedacht und darauf hingewiesen, dass man am Anfang eines Satzes keineswegs weiß, was am Ende herauskommt. Man lernt sich selber kennen beim Sprechen, was zu der Frage führt, warum dies im Westen nicht als Weisheit angepriesen wird. Ist das zu schwer für die Menschen, die leichte Kost bevorzugen?

Man kann weiterfragen: Warum jubeln Bildungsbürger hierzulande dem Dalai Lama zu, wenn er verkündet, dass sich der Buddhismus bemühe, Leiden zu mindern und Freuden zu mehren, während das gleiche Publikum mit ausdruckslosem Gesicht gelangweilt auf den Hinweis reagiert, dass genau damit die Ziele westlicher Wissenschaft formuliert sind, nämlich die Freude an der Schönheit der Welt durch Wissen zu mehren und das Leiden der Menschen durch die Verbesserung ihrer Existenzbedingungen zu mindern?

Es gibt sie, die Erkenntnisse, die Weisheiten der westlichen Wissenschaft, die von Frauen und Männern geäußert worden sind, die das dazugehörige Wissen erworben und sich ihre Phantasie bewahrt haben. Dieses Buch stellt einige dieser Denkschätze und die dazugehörigen Forscher vor – wobei die jeweils zitierte Erkenntnis für sich stehen bleibt und nicht im Detail kommentiert wird. Witze und Weisheiten sollte man wirken lassen und nicht erklären. Sie werden durch solche Versuche nur verwässert und verdorben. Dafür wird der Leser aber neugierig auf die Menschen, von denen die Weisheiten stammen. Ihm kann mit den biografischen Anhängen zu den Schöpfern der zitierten Erkenntnisse geholfen werden. Womöglich machen diese Erläuterungen Lust auf noch mehr Wissenschaft – ob sie nun westlich oder östlich geprägt ist. Sie gehört zum Menschen und ist jede Mühe wert.

ERKENNTNISSE
AUS ASTRONOMIE
UND PHYSIK

»Ich fühle mich nicht zu dem Glauben verpflichtet, dass derselbe Gott, der uns mit Sinnen, Verstand und Vernunft ausgestattet hat, von uns verlangt, dieselben nicht zu benutzen.«

GALILEO GALILEI
(1564–1642)

Nur wenige Wissenschaftler verfügen über den Bekanntheitsgrad des Italieners Galileo Galilei, was vermutlich aber weniger an seinen fachlichen Qualifikationen und sachlichen Einsichten als an seinem polternden Auftreten und polemischen Engagement liegt. Beides war zudem mit einem unübersehbaren Geltungsbedürfnis gepaart. Galilei ging es vor allem um die Priorität von Ideen und Entdeckungen, und er wäre heute ein gefragter und gern gesehener Gast in televisionären Talkrunden, der sich lärmend und stets selbstsicher über Gott und die Welt auslassen und alles besser wissen würde.

Es sind wohl vor allem diese menschlichen Eigenschaften gewesen, die den Poeten Bertolt Brecht auf die Idee brachten, in der ersten Hälfte des 20. Jahrhunderts ein Theaterstück über das *Leben des Galilei* zu schreiben. Brecht lässt seinen Galilei zum einen als leidenschaftlichen Wissenschaftler erscheinen, der »wie ein Liebender, wie ein Betrunkener« herausbrüllt, was er erfahren hat, und den eine große Sehnsucht auszeichnet: »Ich denke manchmal: ich ließe mich zehn Klafter unter der Erde in einen Kerker einsperren, zu dem kein Licht mehr dringt, wenn ich dafür erführe, was das ist: Licht«, lässt Brecht Galilei sagen.

Auf der anderen Seite führt der deutsche Dichter in seinem Theaterstück einen eher aggressiven Galilei vor, der gegen die unübersehbare öffentliche Dummheit kämpft und denjenigen in hoher Erregung »keine Gnade« gewähren will, »die nicht geforscht haben und doch reden«.

Der letzte Satz passte ganz vorzüglich auf die vielen Ethiker und anderen Philosophen, die in unseren Tagen etwa den biologischen und chemischen Wissenschaften unentwegt mit moralisch erhobenen Zeigefingern in die praktische Quere kommen wollen, ohne selbst auch nur das geringste Wissen erworben zu haben oder anbieten zu können, das den zahlreichen bedürftigen Personen unserer Tage die zitierte »Mühseligkeit der menschlichen Existenz« tatsächlich nehmen kann (statt sie unnötig zu vergrößern).

Wer den Namen Galileo Galilei hört, denkt vermutlich zuerst daran, dass der Forscher doch mit der katholischen Kirche in Konflikt geraten ist und dann sogar die hässlichen Hände der unnachgiebigen Inquisition zu spüren bekommen hat, die ihm schwer zugesetzt und zu einem unnötigen Widerruf gezwungen haben. Erst im Anschluss an dieses Trauerspiel fällt vielen Menschen bei dem Namen Galileo Galilei ein, dass dieser Physiker und Astronom Ansichten über die Bewegungen und das Aussehen von verschiedenen Himmelskörpern entwickelt hat. Dabei konnte Galilei als einer der ersten Astronomen seine Objekte nicht mehr nur mit bloßem Auge betrachten, sondern ihm ist dabei maßgeblich die damals neue Konstruktion eines Fernrohrs zu Hilfe gekommen, das der Wissenschaft im Besonderen und der Menschheit im Allgemeinen ab 1609 eine stark erweiterte Sicht des Universums erlaubte.

Bevor es das Fernrohr für den Himmel gab, war Galilei mehr mit irdischen Dingen und ihrer Physik beschäftigt, wie sie sich etwa in pendelnden Kronleuchtern oder den Bewegungen von fallenden oder schwimmenden Körpern zeigt. Er versuchte nach vielen Versuchen in zahlreichen Vorrichtungen, die fleißig beobachteten und gemessenen Zahlen mithilfe der dazugehörenden Sprache zu verstehen, also mit den Formeln und Gleichungen, die die Mathematik den Menschen zur Verfügung stellt. Galilei gewann dabei eine Überzeugung, die er in seinem Buch *Il Saggiatore* bis 1623 in einer Art Glaubensbekenntnis aufschrieb. Diesem

Bekenntnis hängt die moderne Wissenschaft bis heute an, obwohl es in vielen Bereichen – etwa dem des Lebens – nicht unbedingt in der beschworenen Strenge haltbar ist und irgendwann einmal gründlich bedacht werden sollte:

»Das Buch der Natur kann man nur verstehen, wenn man vorher die Sprache und die Buchstaben der Mathematik gelernt hat, in denen es geschrieben ist. Es ist in mathematischer Sprache geschrieben, und die Buchstaben sind Dreiecke, Kreise und andere geometrische Figuren, und ohne diese Hilfsmittel ist es menschenunmöglich, auch nur ein Wort davon zu verstehen.«

Mit anderen Worten, Galilei verkündet als seine feste Überzeugung: »Gott ist ein Mathematiker.« Viele Zuhörer sind bis heute von dieser Botschaft so sehr angetan und begeistert, dass niemandem auffällt, wie gewaltig Galilei hier aufschneidet. Was er sagt, heißt nämlich in moderner Sprache, dass es mathematisch fassbare Naturgesetze für Bewegungen wie etwa die des freien Falls von Kugeln und anderen Gegenständen gibt, um die sich Galilei höchstpersönlich und höchst emsig bemüht hat – leider ohne jeden Erfolg. Galilei lag also keinerlei Beweis für seine oben zitierte starke Behauptung vor, die sich frühestens am Ende des 17. Jahrhunderts als relevant und akzeptabel herausstellen sollte.

Kurzum, was Galilei über die Mathematik schreibt, entspricht und entspringt vielleicht seinen Wünschen und verdient vielleicht unsere Bewunderung als eine kühne Vision, hat aber leider mit dem ihm und seiner Zeit verfügbaren Wissen nichts zu tun. Und dieser Widerspruch zwischen Anspruch und Wirklichkeit brachte unseren Helden dann auch in den gefährlichen Konflikt mit der Kirche, den nur die Institution gewinnen konnte.

Galileis Konflikt mit der Kirche hatte um 1614 begonnen, als er sich in Briefen und Gesprächen dahingehend äußerte, dass es doch für Astronomen nicht um die Frage gehen könne, ob einzelne Bibelstellen in Einklang mit dem Kopernikanischen System stünden oder nicht. Es gehe in der Wissenschaft seiner Tage vielmehr um die Aufgabe, das ganze Denken über den Kosmos von der ihm überholt erscheinenden Philosophie des Aristoteles zu lösen und für eine Epoche neu zu entwerfen, in der ein Teleskop zur Verfügung stand, das den Himmel näher holte und genauer Beobachtung zugänglich machte.

»Erkennen heißt, das äußerlich
Wahrgenommene mit den inneren
Ideen zusammenbringen und ihre
Übereinstimmung beurteilen, was (man)
sehr schön ausgedrückt hat mit dem Wort
›Erwachen‹ wie aus einem Schlaf.«

JOHANNES KEPLER
(1571–1630)

Vor dem Wissen steht das Glauben, woraus folgt, dass die ersten Männer der Wissenschaft über festes Vertrauen in einen Schöpfergott verfügten und unter dieser Vorgabe die Welt erkundeten. Zu ihnen gehört Johannes Kepler, der bis in die Zeit des Dreißigjährigen Krieges lebte und sich zum Protestantismus bekannte. Für Kepler wirkte Gottes Gnade auf vielfältige Weise bis in den persönlichen Bereich hinein, etwa dadurch, dass der Schöpfer den kränklichen Astronomen auf der Erde lang genug am Leben hielt, um ihm ausreichend Gelegenheit zu geben, das Werk des allmächtigen Herrn des Himmels und der Erden in seiner Schönheit und Vollkommenheit zu erforschen.

Kepler zeigte sich zeitlebens davon überzeugt, dass »nichts in der Welt (…) von Gott planlos geschaffen« ist, wie er in seinem Hauptwerk *Weltharmonik* von 1619 geschrieben hat, und er sah seine Aufgabe darin, sich auf die dazugehörigen Gedanken Gottes einzulassen. Von den wissenschaftlichen Bemühungen Keplers, die den Gang von Licht durch Glas (Optik) ebenso ins Visier nahmen wie die sechseckige Form von Schneeflocken (Chemie), sollen nur die astronomischen Leistungen bedacht werden, die den Himmel zu erfassen versuchten.

Als Kepler sich an sein Werk machte, sah das christliche Denken die Erde mit dem Menschen im Zentrum der Welt, und um diese Mitte drehten sich die kugelförmigen Sphären, die ihrerseits außen Platz für das Göttliche ließen. Der aus dem Württembergischen stammende Astronom Kepler kannte nicht nur die antiken Himmelsmodelle in christlicher Ausschmückung, wie sie etwa in Dantes *Göttlicher Komödie* eine Rolle spielen. Er kannte darüber hinaus auch die Ideen von Nikolaus Kopernikus (1473–1543), der in seinem Sterbejahr die bis heute als umwälzend geltenden Ansichten über die Bewegungen am Himmel publiziert und dabei zwei dramatische Wendungen (Revolutionen) im Denken vorgenommen hatte. Zum Ersten empfahl Kopernikus, die Erde aus dem Zentrum der Welt zu nehmen und dort die Sonne unterzubringen. Und zum Zweiten stellte der polnische Domherr die Hypothese vor, dass sich die Erde zweimal drehe, nämlich nicht nur um die Sonne – in einem großen Umlauf, für den sie ein Jahr benötigt –, sondern zusätzlich in einem eher kleinen und kürzeren Rahmen um ihre eigene Achse, was den Wechsel von Tag und Nacht erklärt.

Allerdings gab es im frühen 17. Jahrhundert keinerlei empirische Evidenz für eine Drehung der Erde um die Sonne, was es vielen Astronomen dieser Zeit leicht machte, den heliozentrischen Gegenvorschlag zum geozentrischen Kosmos als belanglose Spielerei ohne wissenschaftlichen Wert abzutun. Es war offenbar mehr oder weniger allein Johannes Kepler, der von Anfang an fest von der zentralen Position einer wärmenden und leuchtenden Sonne überzeugt war.

Keplers Überzeugung beruhte auf einem Grund, der direkt zu Gott führt. Er steckte darin, dass Kepler durch das Kopernikanische System von »religiöser Leidenschaft« erfasst wurde. Tatsächlich sieht Kepler in der heliozentrischen Anordnung am Himmel »das körperliche Abbild« des »drei-einen Gottes« in der Welt, wobei er Gott den Vater im Zentrum, seinen Sohn in der Oberfläche der Kugel und den »Heiligen Geist im Gleichmaß der Bezogenheit zwischen Punkt und Zwischenraum« sieht, wie es bei ihm etwas kryptisch und für die Gegenwart nicht immer leicht nachvollziehbar heißt. Einfacher ausgedrückt: Kepler erkundet die Gestalt des Kosmos im heliozentrischen Glauben mithilfe der christlichen Trinität, und mit diesen Vorgaben macht er sich daran, nach den wahren Gesetzen der Proportionen der Planetenbewegung als dem wahren Ausdruck der Schönheit der Schöpfung zu suchen.

Bekanntlich findet Kepler im Laufe seines weiteren Lebens drei Gesetze dieser Art, wobei sich die genannte Zahl nicht nur in die christliche Harmonie fügt, sondern zu einem besonderen Erlebnis von Kepler führt. Tatsächlich findet er zunächst zwei Gesetze für die Bewegung der wandernden Himmelskörper, von denen das erste allgemein für die Entwicklung des wissenschaftlichen Denkens von größter Bedeutung ist. Es stellt den Abschied von kreisförmigen Planetenbahnen am Himmel dar und verkündet, dass zum Beispiel die Erde die Sonne auf einer Ellipse umläuft. Kepler erkennt die außerirdische Realität dieser geometrischen Figur mithilfe von langwierigen Beobachtungen der Marsbahn und sich nahezu ewig hinziehenden Berechnungen.

Diese quantitative Akribie zeigt, dass hier neben dem religiösen Eiferer auch ein streng der Empirie verpflichteter Wissenschaftler heutiger Prägung am Werk ist, sodass man Kepler als direkten Mittler zwischen der mittelalterlichen und der modernen Welt betrachten kann. Anders ausgedrückt: Er steht und wirkt wahrlich am Beginn der Neuzeit. Sein Beispiel weist zugleich auf etwas Weiteres hin: Seine große Entdeckung – dass Planeten auf Ellipsen unterwegs sind – ist nicht das Ende einer Untersuchung, sondern erzwingt im Gegenteil einen neuen Anfang, und zwar aus folgendem Grund:

Solange die Annahme galt, dass die Planeten kreisförmig von außerirdischen Himmelssphären bewegt werden, fragte niemand nach der dafür nötigen Kraft. Die Götter hatten es schlicht auf diese perfekte Weise eingerichtet, und mehr war da für Menschen nicht zu wissen und zu wollen. Indem Kepler die Kreise abschaffte und durch Ellipsen ersetzte, kam er zwar, wissenschaftlich gesehen, der Wahrheit am Himmel näher, aber er musste dafür einen

Preis zahlen. Dieser bestand in der Verpflichtung, eine Antwort auf die Frage zu geben, wer oder was für die gefundene geometrische Form zuständig ist und die nötige Kraft dafür liefert. Kepler sah das Problem, kam aber nicht auf die Lösung, die noch ein knappes Jahrhundert auf sich warten lassen musste – und zwar so lange, bis Sir Isaac Newton in England die Bühne der Wissenschaftsgeschichte betrat und die Schwerkraft einführte. Mit seiner Mechanik konnte man Keplers Gesetze ableiten, und die moderne Physik hatte begonnen.

»In der Wissenschaft gleichen
wir alle nur den Kindern,
die am Rande des Wissens
hie und da einen Kieselstein
aufheben, während sich der
weite Ozean des Unbekannten
vor unseren Augen erstreckt.«

ISAAC NEWTON
(1642–1727)

Isaac Newtons Einfluss reicht ungeheuer weit. Seine Physik hat mit der Einführung einer universellen Schwerkraft (Gravitation) nicht nur zu der allgemeinen Idee eines Uhrwerks geführt, das am Himmel tickt, den Kosmos ausmacht und die Planeten auf ihren Bahnen hält. Newton hat mit seiner Mechanik auch starken Einfluss auf die Geschichte der Philosophie ausgeübt. Denn das Werk, in dem Immanuel Kant seine *Kritik der reinen Vernunft* vorstellt, müsste eigentlich den Titel »Kritik der Newtonschen Physik« tragen. Zwar versteht Kant nicht genau, was der Physiker Newton unter Trägheit versteht, aber der Philosoph meint, dass der Brite zum einen etwas gefunden hat, was a priori wahr ist, nämlich die euklidische Geometrie des Raumes (die Einstein als unzureichend identifizieren konnte), und Kant meint zum anderen, dass mit Newton die immanente Erklärung der Welt – ihre Mechanik – abgeschlossen ist und das kosmische Uhrwerk nun nach seinen ewigen Gesetzen berechenbar abläuft.

Newton selbst hingegen ist da gar nicht so sicher: Als tiefgläubiger Mensch gesteht er einem Gott Eingriffsmöglichkeiten zu und sieht in seinem Ansatz mehr offene Fragen als fertige Lösungen: So wundert er sich etwa, wie die Schwerkraft entsteht und sich im Raum ausbreitet. Aber darüber huscht Kant hinweg, denn jetzt versteht er, was Galilei gemeint hat, als er von dem Buch der Natur schrieb, das in der Sprache der Mathematik verfasst ist. Newton hat Gottes Sprache enthüllt, und sein Ruhm wächst ins Unermessliche, als er zum einen den Wechsel der Gezeiten erklären und vorhersagen kann und sich zum anderen im Laufe des 18. Jahrhunderts seine Behauptung bestätigt, die Erde sei keine perfekte Kugel, sondern an den Polen abgeflacht.

Während sich diese Einsichten nach 1800 verbreiten, gewinnen die Menschen endgültig den Eindruck, dass Newtons Mechanik und Uhrwerk nicht nur den von ihnen bewohnten Planeten, sondern sie selbst und ihr Leben in Form von Gesetzen erklären können und ihnen somit keine Freiheiten mehr bleiben. Alles scheint determiniert zu sein.

Gegen diese Einengung des Daseins wehren sich die Menschen, die von der Kulturgeschichte als Romantiker bezeichnet werden. E.T.A. Hoffmann zum Beispiel lässt in seinen Erzählungen Menschen auftreten, die alle möglichen Handlungen ausführen können, nur nicht solche, die vorhersagbar sind. Die romantische Literatur kommt als Antwort auf die Newtonsche Physik zustande, und so ahnt man, welche Ehrfurcht mit dem Namen des britischen Physikers einherging, und zwar schon zu seinen Lebzeiten.

Als Newton 1727 in London im Alter von 85 Jahren starb, setzten ihn seine Landsleute in der Westminster Abbey bei, und Voltaire, der Beobachter der englischen Kultur aus Frankreich, stellte fest, dass Newton »begraben wurde wie ein König, der beim Volk sehr beliebt war«. Der Dichter Alexander Pope verfasste bei dieser Gelegenheit ein Epitaph, das bis heute zitiert wird: »Nature and Nature's laws lay hid in Night. God said, Let Newton be! and all was Light.«

Newtons Erfolge als mathematischer Physiker ließen die anderen Wissenschaften davon träumen, auch jemanden wie ihn hervorzubringen, die Biologie zum Beispiel einen »Newton des Grashalms«, wie Kant formulierte, was aber mindestens einem Zeitgenossen nicht unbedingt gefallen haben kann. Gemeint ist Johann Wolfgang von Goethe, der Newton in Hinblick auf die Erklärung der Farben als seinen Gegner einstufte und mit einer eigenen Farbenlehre versuchte, selbst wissenschaftliche Reputation zu erlangen. Heute deutet man die beiden großen Bemühungen um das mannigfaltige Bunte versöhnlich, indem man sagt, Newton habe mit seiner Zerlegung des Sonnenlichts in Spektralfarben als Physiker agiert, während Goethe mit seiner Beschreibung der Lichtwirkungen dasselbe Phänomen als Physiologe und Psychologe untersucht habe. Wer ein Fernrohr bauen wolle, kommt mit Goethe nicht weiter, und wer die Gefühle verstehen will, wie sie etwa beim Betrachten von Rot oder Magenta entstehen, kommt mit Newton nicht weiter.

Übrigens – wer den Menschen Newton verstehen will, kommt mit der Naturwissenschaft allein auch nicht weit. Denn wie die Historiker inzwischen finden und zeigen konnten, hat Newton mehr alchemistische als physikalische Texte hinterlassen. Er hat zum Beispiel das Buch des legendären Vaters der Alchemie, einer ins Reich der Fabel gehörenden Figur namens Hermes Trismegistos, herausgegeben, das den Titel *Tabula smaragdina*, also »Die smaragdene Tafel« trägt. In ihm heißt es explizit: »Die Dinge unten sind wie die Dinge oben«, und möglicherweise steckt hierin die Quelle für Newtons Überzeugung, dass ein Mond am Himmel denselben Gesetzen unterliegt wie ein Apfel auf der Erde. Beide fallen dank der Schwerkraft, und der Trabant muss sich schnell um seinen Planeten drehen, um seine Position zu halten.

Man sieht: Wer bei Newton eine ausschließlich auf Vernunft und Experiment gegründete Wissenschaft zu finden hofft, sollte sich auf Überraschungen gefasst machen. Selbst als er seine berühmte Behauptung aufstellte »Hypotheses non fingo« – »Ich mache keine Hypothesen«, da hat er keiner Logik das Wort geredet, sondern nur gesagt, was die »Natürlichen Magier« seiner Zeit gesagt haben, weshalb man Newton gerne als den letzten dieser Zunft bezeichnet. Magier versuchten, mit okkulten Prinzipien zu operieren, und die Schwerkraft gehörte für Newton zu diesem okkulten Reich. Schließlich konnte er keine Gründe für ihre

Herkunft angeben. Er konnte nur hinnehmen, dass es sie gibt, und er konnte ihre Auswirkung beschreiben.

Newton kümmerte sich vor allem deshalb so sehr um die Schriften der Alchemisten, weil er vermutete, sie enthielten ein geheimes Wissen, das von Gott offenbart worden sei. Newton nahm an, dass es »Gottes große Alchemie« sei, die aus dem Urchaos die Ordnung der Welt geschaffen habe, die seine Gesetze erkennen lassen.

»Es hat Gott gefallen, seine materielle Schöpfung mit Hilfe von Gesetzen zustande zu bringen. Der Schöpfer beherrscht seine materiellen Hervorbringungen durch definitive Gesetze, die durch die Kräfte zustande kommen, die auf die Materie einwirken.«

MICHAEL FARADAY
(1791–1867)

Michael Faraday stammt aus einem Slumvorort Londons, und er musste als Sohn eines Hufschmieds schon als 13-Jähriger die Schule verlassen, um durch Buchbinderei etwas Geld für die Familie verdienen zu können. Doch wie das Leben so spielt – der kleine Faraday liest die Bücher, die er herstellt, und besonders gefallen ihm solche, die sich mit Wissenschaft befassen. Das spannende Thema seiner Kindheitsjahre ist die Elektrizität. Der 20-jährige Michael lässt sich von dem entsprechenden Eintrag in der *Encyklopædia Britannica* derart faszinieren, dass er sich kleine Apparate anschafft, um eigene Versuche durchzuführen.

1812 setzt er alles daran, um die Vorlesungen zu hören, die der führende Elektrochemiker seiner Zeit, Sir Humphry Davis, anbietet. Faraday macht fleißig Notizen und stellt das Geschriebene zu einem Buch zusammen, das überraschend den Weg zu Davis findet. Der berühmte Mann ruft den unbekannten Autor zu sich, und als Folge des Treffens betritt der 22-jährige Faraday das Königliche Institut der Wissenschaft, das ihm wie ein Königreich erscheint und in dem sich seine ganze Karriere abspielen wird.

Ihn fasziniert die Wandelbarkeit der Stoffe und der Kräfte, und so beginnt Faraday sein eigenständiges wissenschaftliches Arbeiten mit chemischen Versuchen wie der Destillation fetter Öle. Dabei fällt ihm eine Verbindung auf, die bald Benzol heißt und aus sechs Kohlenstoff- und sechs Wasserstoffatomen besteht, was den Chemikern lange Zeit viel Kopfzerbrechen bereitet. Sein eigenes Hauptaugenmerk richtet sich immer stärker auf die Elektrizität, die er zunächst für eine Flüssigkeit hält, da sie als Strom durch Leitungen fließen kann. Aber wie soll er dabei erklären, dass es zwei Formen von Elektrizität – Plus und Minus – gibt? Und wie kann man das Gewicht des Stroms messen?

Die Vorstellung von Flüssigkeiten erlebt damals ihren Höhepunkt, denn die Zeitgenossen deuten nicht nur die Elektrizität, sondern auch die Wärme auf diese Weise. Faraday will wissen, wie dabei Umformungen zustande kommen können. Während er dies untersucht, festigt sich in ihm der Gedanke an eine Einheit in der Natur, eine einheitliche Schöpfung der Dinge. Die Frage lautet: Wie kann man zeigen, dass die Kräfte der Natur in der Tiefe zusammenhängen? Eine mögliche Antwort darauf liefert eine Beobachtung, die dem dänischen Physiker Hans Christian Øersted 1820 gelingt. Øersted war aufgefallen, dass dann, wenn ein elektrischer Strom in einem Draht zu fließen beginnt, eine Magnetnadel in der Nähe ausschlägt, wobei der Effekt von der Richtung des Stroms und der Lage der Nadel abhängt.

Faraday wiederholt die Experimente sofort und bemerkt, was tatsächlich passiert: Die Elektrizität des Stromes wird in eine magnetische Kraft verwandelt, die an der Nadel dreht. Der Däne hatte herausgefunden, dass Elektrizität in Magnetismus verwandelt werden kann, und Faraday nimmt sich das symmetrische Gegenstück vor: »Verwandle Magnetismus in Elektrizität«, wie er sich selbst in seinem Tagebuch auffordert, und er hält an dieser Aufgabe hartnäckig fest, auch wenn er zehn Jahre braucht, um sie zu lösen. Im August 1831 umwickelt Faraday einen Eisenring mit zwei Kupferspulen. Eine dieser Spulen verbindet er mit einem Messgerät (einem Galvanometer), und die andere setzt er unter Strom. Er stellt sich vor, damit ein Magnetfeld aufzubauen, das dann in der ersten Spule einen weiteren Strom in Gang setzte – induzierte, wie man heute sagt. Zunächst stellt Faraday zwar fest, dass im stationären Fall nichts zu sehen ist. Doch dann bemerkt er, dass beim Ein- und Ausschalten des Stroms in der zweiten Spule das Galvanometer reagiert und einen Stromfluss anzeigt – und zwar dann und nur dann. Es war also nicht das Magnetfeld selbst, das einen elektrischen Strom induzierte. Es war dessen zeitliche Änderung.

Faraday hatte das Prinzip der elektrischen Induktion entdeckt, und bald konnte er konstruieren, was heute als Generator, Elektromotor und Transformator funktioniert. Die Grundlage der Elektrotechnik war verstanden und gelegt. Als er seine Einsicht der Gesellschaft vorstellte, fragte ihn jemand, wozu man all diese Spulen und anderen Gerätschaften eigentlich gebrauchen könne. Worauf Faraday ohne zu zögern antwortete: »Im Moment weiß ich es noch nicht, aber eines Tages wird man sie besteuern können.«

Zu dieser Zeit gab es viele Politiker, die Faradays Versuche als einen »gross humbug« einschätzten, was ihn aber nicht störte. Faraday hatte sich zudem schon vor seinem Durchbruch mit der Induktion vorgenommen, seine Erfahrungen allgemeinverständlich darzustellen. 1826 hat er eine »Weihnachtsvorlesung für Kinder« am Sitz der Royal Society in London ins Leben gerufen und damit eine Tradition begründet, die bis heute gepflegt wird. Seine eigene berühmt gewordene Darbietung behandelt »Die Naturgeschichte einer Kerze«, und das dazugehörige Original – *The Chemical History of a Candle* – ist vor wenigen Jahren unverändert neu aufgelegt worden. Faraday, dessen Ehe zu seinem Bedauern kinderlos blieb, lebte als tiefgläubiger Mensch, der in dem Licht sowohl einen geheimnisvollen Hinweis auf die Einheit der Natur als auch das Symbol der göttlichen Vernunft sah, das in Menschen zum Ausdruck kommt.

Am Ende seiner Weihnachtsvorlesung von 1861 schließt er seine Ausführungen mit dem Wunsch ab, dass seine Zuhörer sich von nun an als Kerze betätigen und ihr Licht in die Welt hinaustragen. Sie könnten, so meint er, von den Wundern der Wissenschaft und der Großartigkeit der Gesetze erzählen, mit denen Gott die Natur ausgestattet hat und in denen eine eigentümliche Schönheit steckt. Ihre Mitbürger würden es ihnen danken.

»Vielleicht ist das ›Buch der Natur‹ (…) Seite für Seite ordentlich aufgebaut. Wenn das der Fall ist, dann (können) die Methoden, die uns in den ersten Kapiteln beigebracht worden sind (…) als Anleitung für die fortgeschrittenen Partien des Kurses dienen. Wenn es aber gar kein ›Buch‹ gibt, wenn die Natur nur ein Magazin ist, dann ist nichts dümmer als die Annahme, dass ein Teil Licht auf den anderen werfen kann.«

JAMES CLERK MAXWELL
(1831–1879)

Als James Clerk Maxwell 1831 als einziges Kind wohlhabender Eltern in fortgeschrittenem Alter seiner Mutter – sie zählte bei seiner Geburt 40 Lebensjahre – im schottischen Edinburgh geboren wurde, brach Charles Darwin mit der MS Beagle zu seiner Weltreise auf. So berühmt Maxwell unter Physikern ist, die nicht aufhören können, von den sogenannten Maxwell-Gleichungen zu schwärmen, so unbekannt ist der Schotte außerhalb der Hallen geblieben, in denen Wissenschaft getrieben wird.

Als Maxwell um 1865 in der Sprache der Mathematik den Zusammenhang zwischen elektrischen und magnetischen Phänomenen darstellen und Licht als elektromagnetische Welle identifizieren konnte, da meinten einige Kollegen dasselbe fragen zu müssen, was Goethe seinen Faust sagen lässt: »War es ein Gott, der diese Zeichen schrieb, die mir (…) das arme Herz mit Freude füllen und mit geheimnisvollem Trieb die Kräfte der Natur rings um mich her enthüllen?« Und als derselbe Maxwell etwas aus seinem Erbe spendete, um bei der Finanzierung einer Music Hall zu helfen, da kamen die Dankesbriefe an ihn mit dem Vermerk zurück, man kenne den Herrn nicht: »Unbekannt verzogen.«

Dass Maxwell außerhalb seiner Disziplin, der theoretischen Physik, wenig populär und sein Name kaum bekannt ist, mag auch mit seiner Praxisfremdheit zu tun haben. Als 1876 in den USA das Telefon vorgestellt wurde und Maxwell zwei Jahre später – ein Jahr vor seinem viel zu frühen Tod – zum ersten Mal einen solchen Sprechapparat in der Hand hielt, fiel ihm an der neuen Errungenschaft vor allem die mathematische Eigenschaft der Symmetrie auf. An beiden Enden eines Telefons – so meinte er – dieselbe Konstruktion einer Sprechmuschel und vor allem dasselbe Geschwätz.

Maxwell führte ein zurückgezogenes und höchst privates Leben, das man sich gar nicht ruhig genug vorstellen kann – von außen betrachtet. Er und seine Frau Katherine lebten ohne Kinder, und ihre Abende verbrachten sie zumeist allein, wobei sie sich gegenseitig aus den Werken Shakespeares vorlasen und sich über Gedichte beugten. Innerlich aber muss man sich Maxwells Leben als äußerst dynamisch vorstellen. Es muss dort von Ideen gewimmelt haben, und er hat das Wühlen in seinem Kopf einmal in poetischer Form darzustellen versucht: »Es gibt Kräfte und Gedanken in uns, die wir erst kennen, wenn sie aufsteigen durch den Strom des Bewusstseins von dort, wo das Selbst sein Geheimnis hütet. Doch wenn Wille und Sinne schweigen, können wir durch die Gedanken, die kommen und gehen, die Felsen und Wirbel aufspüren, die in den verborgenen Tiefen liegen.«

Biografen von Maxwell stehen vor dem angedeuteten Problem, dass sein äußeres Leben in sehr ruhigen Bahnen verlaufen ist und er zum Beispiel nur einmal das britische Inselreich verlassen und eine Reise auf das europäische Festland unternommen hat. Ihm reichte das geräumige Landhaus im schottischen Kernland – sein Middlebie Estate – in Glenair nahe bei Edinburgh, in das er sich zurückziehen konnte. Dort schrieb er seine unter Physikern berühmte »Abhandlung über Elektrizität und Magnetismus«, in der die beiden Erscheinungen aus einer einheitlichen Dynamik heraus verstanden wurden. Mit deren Hilfe konnte Maxwell auch erklären, was Licht ist und wie rasch und auf welche Weise es sich ausbreitet.

Insgesamt gesehen, hat sich Maxwell vielen physikalischen Themen zugewendet. Er hat eine Theorie der Farben vorgelegt und eine erste Farbfotografie angefertigt. Er hat die Stabilität der

Saturnringe verstehen können und an einer kinetischen Gastheorie gearbeitet. Dabei hat er mit Erfolg versucht, die Eigenschaften von Gasen – ihre Temperatur und ihr Volumen zum Beispiel – durch Eigenschaften der immens vielen Bausteine, aus denen sie bestehen mussten, zu erklären. Maxwell hat herausgefunden, dass etwa die Geschwindigkeit der Gasmoleküle nicht immer dieselbe ist, sondern eine Verteilung aufweist, und diese Maxwell-Verteilung dient heute als Grundlage der statistischen Physik, die sich mit Gasen und anderen Stoffen beschäftigt.

Neben den Maxwell-Gleichungen und der Maxwellschen Verteilung gibt es noch den Maxwellschen Dämon, den er in seine Wissenschaft eingeführt hat, um die Gültigkeit eines Hauptsatzes der Wärmelehre zu prüfen. Dieser besagte, dass dann, wenn Gase oder andere Stoffe sich entwickeln, sie dabei stets in einen Zustand übergehen, der wahrscheinlicher ist als der, in dem sie zuvor gewesen waren. Es kommt spontan nicht vor, dass aus wahrscheinlichen unwahrscheinliche Zustände werden, wie man an seinem Schreibtisch sieht, der nur dann aufgeräumt aussieht, wenn sich jemand um die Ordnung gekümmert hat. Maxwell wollte nun wissen, ob es ein Heinzelmännchen geben könne, das sich um die Ordnung bei Atomen kümmert; also dachte er sich einen Dämon aus, der etwa schnelle und langsame Moleküle trennt und in verschiedene Ecken eines Behälters lenkt, sodass in ihm warme Bereiche wärmer und kalte kälter werden und es nicht zu dem Ausgleich der Temperaturen kommt, den man tatsächlich beobachtet.

Die Physiker haben über 100 Jahre gebraucht, um mit Maxwells Dämon fertigzuwerden und die dazugehörige Thermodynamik zu retten, und der eigentliche Gag der entsprechenden Überlegungen steckt darin, dass das Teufelchen die vielen Atome oder Moleküle, die es sortieren will, vermessen und also über sie Informationen sammeln muss. Wenn der Dämon so klein sein will, dass er mit einzelnen Molekülen umgehen kann, muss er seine Messinformationen irgendwann löschen, und bei diesem Vorgang des Vergessens kommt er ins Schleudern, wie sich zeigen lässt. Er muss das Sortieren aufgeben, und die Physik stimmt so, wie man es lernt. Der Hauptsatz der Wärmelehre gilt. Maxwell hätte sich über das Ergebnis aus dem 20. Jahrhundert gefreut. Er glaubte an die tiefe Wahrheit der physikalischen Gesetze, von denen wir einige der schönsten ihm verdanken.

»Das Gebiet, welches der unbedingten Herrschaft der vollendeten Wissenschaft unterworfen werden kann, ist leider sehr eng, und schon die organische Welt entzieht sich ihm größtenteils.«

HERMANN VON HELMHOLTZ
(1821–1894)

Unter seinen Zeitgenossen galt Hermann von Helmholtz – Kaiser Wilhelm I. hat ihn 1883 in den Adelsstand erhoben – als »geistiger Gigant«, der mit Gründlichkeit und Genialität seine Spuren in vielen Fächern der Wissenschaft hinterlassen hat und sich deshalb auch so über ihre Grenzen äußern konnte, wie es das Zitat wiedergibt. Helmholtz stammt aus Potsdam, und er wurde als Sohn eines Gymnasiallehrers und einer preußischen Offizierstochter gründlich gedrillt und als Schüler unter anderem mit vielen Sprachen vertraut gemacht. Seinen Wunsch, Physik zu studieren, lehnte der Vater mit dem Hinweis ab, dies sei eine brotlose Kunst. Er ließ als Kompromiss aber die Medizin zu, und so kam Helmholtz 1842 als promovierter Anatom an die Berliner Charité, bevor er eine zweijährige Verpflichtung als Militärarzt abarbeitete. Während seine Lehrer vielfach einer vitalistischen Auffassung anhingen, die grundlegende Eigenschaften einer geheimnisvollen Lebenskraft zuwiesen – einer *vis vitalis* –, kam Helmholtz bei seinen Arbeiten immer mehr zu der Überzeugung, dass es mechanische Erklärungen des physiologischen Geschehens geben müsse, die zu einem Organismus gehören und in seinen Zellen ablaufen. Er sah einen Zusammenhang zwischen der anorganischen und der organischen Sphäre und versuchte, ihn mithilfe einer Idee zu erfassen, die seit einigen Jahren unter dem Stichwort »Konstanz der Kräfte« diskutiert wurde.

1847 fasste er seine Einsichten in einem Vortrag zusammen, in dem er »Über die Erhaltung der Kraft« sprach und aus dem sich das entwickelt hat, was Physiker heute als »Gesetz von der Erhaltung der Energie« kennen und was zum Beispiel Max Planck als heiligen Grundsatz seiner Wissenschaft verehrte. Energie – so die Einsicht von Helmholtz und anderen – kann weder erzeugt noch vernichtet werden. Energie kann nur umgewandelt werden. Sie ist also »unzerstörbar«, wie Helmholtz vorschlug, als er endgültig den Wechsel von der Kraft zur Energie vollzog und nur noch über diese Größe nachdachte.

Diese Energie ist zwar ein altes Wort – es wurde von Aristoteles eingeführt, um das zu benennen, was Menschen einsetzen, um aus ihren Möglichkeiten die aktuelle Wirklichkeit zu machen –, sie lässt sich aber nicht besonders leicht fassen und bleibt, anders als eine eingesetzte Kraft, mehr oder weniger unsichtbar. Etwas, was man sieht, durch etwas zu erklären, das man nicht sieht: Dieser Gedanke musste erst akzeptiert werden, und Helmholtz machte ihn sich in der zweiten Hälfte des 19. Jahrhunderts zu eigen.

Was bei Helmholtz imponiert, ist neben der Tiefe die Weite und Breite seiner wissenschaftlichen Bemühungen. Er hat versucht, die Geschwindigkeit zu messen, mit der eine Erregung sich entlang von Nerven ausbreitet, um zuletzt einen Muskel zu aktivieren. Er hat sich um Sehvorgänge gekümmert und eine Farbenlehre entworfen, in der die drei Variablen eingeführt werden, die bis heute benutzt werden – Farbton, Helligkeit und Sättigung. Helmholtz konnte zudem als Erster Farbmischungen unterscheiden und erklären, warum ein anderer Farbton zustande kommt, wenn man additiv gelbes und blaues Licht kombiniert, statt blaue und gelbe Wasserfarben zusammenzubringen und sie subtraktiv zu mischen. Und was das Sehen von Patienten angeht, so hat der Arzt Helmholtz überlegt, wie man einen Blick auf die Netzhaut eines Menschen werfen kann, und zu diesem Zweck den Augenspiegel konstruiert, der für die moderne Ophthalmologie unentbehrlich ist.

Wenn Helmholtz mit den Sehvorgängen beschäftigt war, ließ er sich gerne von Analogien zwischen Ohren und Augen leiten. Die drei Parameter der Farben hatte er passend zu den drei Parametern des Klangs gewählt, der Lautstärke, der Tonhöhe und der Klangfarbe. Als wesentlichen Unterschied zwischen den beiden Organen und Sinneswahrnehmungen machte Helmholtz die Unfähigkeit des Auges aus, die Komponenten einer Farbmischung zu trennen. In seinen Worten aus dem *Handbuch der physiologischen Optik*, das 1857 publiziert wurde: »Das Auge kann zusammengesetzte Farben nicht voneinander unterscheiden; gleichgültig, ob in der Mischfarbe Grundfarben von einfachen oder nicht einfachen Schwingungsverhältnissen vereinigt sind. Es hat keine Harmonie in dem Sinne wie das Ohr; es hat keine Musik.«

So umfassend und anerkannt die Darstellung auch war, die Helmholtz von der Optik und Physiologie des Lichts im Körper gab – bei der Beschäftigung mit diesem Thema wurde ihm immer deutlicher, dass sich letztlich nicht alle visuellen Phänomene und Abläufe direkt kausal mit bloßem Rückgriff auf physikalische Gesetzmäßigkeiten oder chemische Reaktionsabläufe verständlich machen lassen. Bei optischen Sinnestäuschungen, bei Fragen der Tiefenwahrnehmung oder beim Nachdenken über die Leistung der Farbkonstanz – ein weißes Blatt Papier sieht weiß aus, sowohl im Sonnenlicht als auch im Schein einer Tischlampe, obwohl in beiden Fällen anderes Licht ins Auge fällt – tauchte immer deutlicher die Notwendigkeit auf, psychische oder psychologische Faktoren einzubeziehen. Für den Fanatiker einer mechanischen Kausalität musste das ein Grauen sein, was ihn dazu führte, sich gegen Farbdeutungen zu wehren, wenn dabei von Empfindungen die Rede war, die sogar rein sein sollten.

Unabhängig davon wandte sich Helmholtz im Laufe seines Lebens nach und nach philosophischen Themen zu, und er hat sich unter anderem über »Das Denken in der Medizin«, über »Induction und Deduction« und über »Die Tatsachen der Wahrnehmung« seine Gedanken gemacht und sie vorgetragen. Ihn beschäftigte nicht zuletzt, wie Begriffsbildungen vor sich gehen, und er kam auf die hübsche Idee, dass alle Sinnesempfindungen, nachdem sie als Nervenimpulse im Gehirn angekommen sind, dort als »Nachricht für das Bewusstsein« gedeutet werden. Die Empfindung wird auf diese Weise zu einem Symbol, mit dem man umzugehen lernt.

»So lange die Alchimisten den Stein der Weisen suchten, die Kunst des Goldmachens anstrebten, waren alle ihre Versuche fruchtlos; erst die Beschränkung auf scheinbar wertlose Fragen schuf die Chemie.«

LUDWIG BOLTZMANN
(1844–1906)

Ludwig Boltzmann war Physiker, aber er sagte voraus, dass man das 19. Jahrhundert später einmal als das Zeitalter von Charles Darwin feiern würde. Boltzmann bewunderte den evolutionären Gedanken des großen Briten und wandte ihn ganz selbstverständlich auf die Sphäre des geistigen Lebens an, wie es in dem Zitat ausgedrückt wird. Er nahm damit im Jahre 1900 vorweg, was der ebenfalls aus Wien stammende Verhaltensforscher Konrad Lorenz ein halbes Jahrhundert später als »Evolutionäre Erkenntnislehre« formulierte. In deren Rahmen erkannte Boltzmann, dass die Denkformen, die einem Individuum a priori – also vor jeder Erfahrung – mit auf den Lebensweg gegeben werden, ihm im Verlauf der Evolution seiner Art zugewachsen und in dem Sinne a posteriori sind, sich also den Erfahrungen seiner Vorfahren verdanken.

Die Evolution des Erkennens stellt aber nicht das Hauptthema dar, mit dem sich der Wiener Boltzmann beschäftigt hat, der 1906 durch Selbstmord aus dem Leben geschieden ist. Sein österreichischer Landsmann, der bekannte und populäre Philosoph Karl Popper, hat vermutet, dass die Depression, die hinter dieser Verzweiflungstat steckte, eng mit der Physik verknüpft war. Boltzmann hatte am Ende seines Lebens immer verzweifelter Versuche unternommen, das physikalische Gesetz zu beweisen, das als Zweiter Hauptsatz der Wärmelehre (Thermodynamik) bekannt ist. Es handelt von einer Größe, die Physiker als Entropie bezeichnen, wobei es sich um ein Kunstwort handelt, das ähnlich wie Energie klingen sollte. Die Entropie versucht, die Tatsache genauer zu erfassen, dass nicht alle Energie einer Maschine in Arbeit verwandelt und also frei werden kann, wie es unter Fachleuten heißt. Und diese freie Energie nimmt in allen Prozessen ab, was umgekehrt den Gedanken aufkommen ließ, dass die Entropie eine stetig wachsende Größe ist, was beim ersten Hören oder Lesen harmlos klingt. Der Zweite Hauptsatz der Thermodynamik formulierte diese Einsicht als universales Gesetz mit den Worten: »Die Entropie der Welt strebt einem Maximum zu.«

Die Besonderheit dieser Behauptung steckt in der Tatsache, dass damit die physikalische Zeit eine Richtung bekommt. Natürlich weiß jeder, dass sein persönlicher Pfeil der Zeit – der Lebenszeit – nur eine Richtung, nämlich die nach vorne, auf den Tod zu, kennt, aber in der Physik konnte man die Zeit umkehren und Abläufe in beide Richtungen betrachten. Ein einzelnes Teilchen, das den Newtonschen Gesetzen der Bewegung folgte, konnte vorwärts wie rückwärts in der Zeit laufen. Diese Symmetrie war jedoch aufgehoben, wenn man viele Teilchen betrachtete, was sein musste, wenn man etwa verfolgte, wie sich ein Tintentropfen in einem Glas Wasser verteilte. Selbst wenn ein einzelnes Teilchen keinem Pfeil der Zeit folgte, alle zusammen ließen eine klare Richtung erkennen, da ein sich verteilender Tropfen niemals wieder zusammenfindet – jedenfalls nicht ohne Hilfe besonderer Art von außen.

Boltzmann analysierte diese Situation sehr sorgfältig und führte die Unterscheidung zwischen dem Mikrozustand eines Systems und seinem Makrozustand ein, wobei ein Mikrozustand durch die Angabe aller Parameter aller Bausteine etwa einer Flüssigkeit und der Makrozustand durch die Angaben von Messgrößen wie Temperatur, Farbigkeit und Volumen gegeben ist. Boltzmann zeigte, dass sich Makrozustände durch die Zahl der Mikrozustände unterscheiden, mit deren Hilfe sie sich verwirklichen lassen, und er identifizierte die Entropie als die Wahrscheinlichkeit, mit der sich ein Mikrozustand einstellt.

Die Richtung der Zeit kommt in diesem Denkschema dadurch zustande, dass physikalische Systeme – also Gase oder Flüssigkeiten zum Beispiel – stets von unwahrscheinlichen zu wahrscheinlicheren Zuständen übergehen, wobei die Versammlung von sämtlichen Tintenmolekülen in einem Tropfen als ein Mikrozustand viel unwahrscheinlicher ist als die Verteilung sämtlicher Tintenmoleküle im ganzen Gefäß, was auf viele verschiedene Weisen realisiert werden kann.

Boltzmann glaubte, mit diesen Überlegungen, die er mathematisch sauber in einem sogenannten Stoßzahlansatz zu fassen versuchte, beweisen zu können, in welcher Richtung physikalische Zeit vergeht. Schließlich waren in seiner Sicht ungeordnete Zustände etwa einer Flüssigkeit wahrscheinlicher als geordnete Zustände. Daraus folgerte er, es müsse ein allgemeines mechanisches Gesetz geben, das dafür sorgt, dass abgeschlossene Systeme immer wahrscheinlichere Verteilungen ihrer Bausteine annehmen, auf diese Weise ihre Ordnung verkleinern und ihre Entropie vergrößern. Und Boltzmann erweiterte sein Argument in den Kosmos hinein, als er schrieb:

»Der Zweite Hauptsatz der Thermodynamik kann aus der mechanischen Theorie bewiesen werden, wenn man annimmt, der gegenwärtige Zustand des Weltalls oder zumindest desjenigen Teils, der uns umgibt, habe seine Entwicklung mit einem unwahrscheinlichen Zustand begonnen und befinde sich noch in einem relativ unwahrscheinlichen Zustand (…) Man mag darüber Spekulationen anstellen, ob sich das Weltall als Ganzes im thermischen Gleichgewicht befindet und ob es daher tot ist, es wird doch lokale Abweichungen vom Gleichgewicht geben (…) Für das Weltall als Ganzes gibt es keine Unterscheidung zwischen ›Rückwärts‹- und ›Vorwärts‹-Richtungen der Zeit, für die Welten aber, auf denen Lebewesen existieren und die sich daher in relativ unwahrscheinlichen Zuständen befinden, wird die Zeitrichtung durch die wachsende Entropie bestimmt, die von weniger wahrscheinlichen zu wahrscheinlicheren führt.«

Das Merkwürdige an dem Argument besteht darin, dass Boltzmann in seine als Muster der Objektivität angesehene Wissenschaft Subjekte – Lebewesen wie Menschen – einführt, um das zu verstehen, was in der Welt passiert. Er öffnet damit der Subjektivität die Tür, was heute als große Leistung gewürdigt wird, Boltzmann jedoch verzweifeln ließ. Die Entropie bleibt bis heute rätselhaft. Sie hat etwas mit Information zu tun, über die aber erst das Jahrhundert nach Boltzmanns Tod nachdachte.

»Wir machen uns innere Scheinbilder oder Symbole der äußeren Gegenstände, und zwar machen wir sie von solcher Art, dass die denknotwendigen Folgen der Bilder stets wieder Bilder seien von den naturnotwendigen Folgen der abgebildeten Gegenstände.«

HEINRICH HERTZ
(1857–1894)

Heinrich Hertz gilt als einer der wichtigsten Physiker des 19. Jahrhunderts. Seine überragende Leistung besteht darin, den Nachweis elektromagnetischer Wellen geführt zu haben. Der Schotte James Clerk Maxwell hatte in den 1860er-Jahren eine Theorie aufstellen können, die elektrische und magnetische Phänomene verknüpfte – und als die Einheit von Naturkräften erkennen ließ, die in dem Wort Elektromagnetismus zum Ausdruck kommt. Und in den 1870er-Jahren hatte Maxwell gezeigt, dass sich damit Licht als elektromagnetische Welle verstehen ließ, was als sensationell und wegweisend empfunden wurde, jedoch eine experimentelle Bestätigung benötigte. Sie wurde von Heinrich Hertz geliefert, der sich in der Lage zeigte, solche Wellen mithilfe eines oszillierenden elektrischen Dipols zu erzeugen, heute als »Hertzscher Oszillator« bekannt.

Als Hertz diesen Erfolg feiern konnte, arbeitete der aus Hamburg stammende Sohn einer angesehenen hanseatischen Familie in Karlsruhe. Dort gelang ihm am 11. November 1886 sogar die Übertragung elektromagnetischer Wellen von einem Sender zu einem Empfänger – was heute als Radio funktioniert und selbstverständlich ist. Er trug seine Ergebnisse 1888 in einem Forschungsbericht bei der Berliner Akademie der Wissenschaften vor, in dem er Auskunft »Über Strahlen elektrischer Kraft« gab.

Die Deutsche Bundespost nahm den 125. Jahrestag dieser Publikation zum Anlass, ein Sonderpostwertzeichen im Wert von 58 Cent herauszugeben. Man hatte Hertz bereits 1957 zu seinem

100. Geburtstag mit einer Briefmarke geehrt, zu deren Erwerb 10 Pfennig reichten (was sich der Autor dieser Zeilen als Knabe erlauben konnte und womit er seine Sammlung von Briefmarken mit berühmten wissenschaftlichen Köpfen angefangen hat).

Zwei Anmerkungen zu dem Nachweis von Hertz, dass die von Maxwell vorhergesagten elektromagnetischen Wellen tatsächlich existieren und sich hervorbringen lassen: Zum einen machte Hertz damit deutlich, dass die Maxwell-Gleichungen so korrekt waren, wie es sich nachweisen ließ, was wiederum den zunächst noch unbekannten Physiker Albert Einstein dazu brachte, sie sehr ernst zu nehmen. Maxwell hatte mit seiner Mathematik nicht nur die Natur des Lichts bestimmen, sondern auch seine Geschwindigkeit berechnen können, und das Ergebnis galt unabhängig vom Bewegungszustand der Lichtquelle oder des Beobachters. Irgendetwas stimmte grundsätzlich nicht an der Physik, wie Einstein dank Hertz jetzt wusste, und so setzten sich die Gedanken des Mannes aus Ulm in Bewegung, bis zuletzt die Relativitätstheorie vorlag.

Zum anderen war auch die Unsichtbarkeit der Strahlen, mit denen Hertz arbeitete, von besonderer Bedeutung. Im Zusammenhang mit anderen unsichtbaren Strahlen, die damals entdeckt wurden – von der Röntgenstrahlung über die Radioaktivität bis hin zu der kosmischen Höhenstrahlung –, lag jetzt der Schluss nahe, dass der größte Teil des Lichts unsichtbar ist. Der größte Teil der Welt war offenbar unsichtbar, wie die Messungen von Hertz verdeutlichten. Für die Kunst hieß das, dass derjenige, der die Welt malen wollte, wie sie ist, sie erfinden musste. Als Folge davon entstand zum Beispiel die abstrakte Malerei, als deren Vertreter Picasso zitiert werden kann: Er malte nicht mehr, was er sah, sondern das, was er dachte oder sich vorstellte.

Als Hertz noch ein junger Studienanfänger war und sich auf die Wissenschaft der Physik vorbereiten wollte, erkundigte er sich bei einem berühmten Physikprofessor, wie er dabei am besten vorgehen solle. Durch das Studium großer Werke, lautete der Rat. Und er erfuhr auch, welche Klassiker gemeint waren: Pierre Simon de Laplace und Joseph Lagrange. Hertz beherzigte diese Worte und vertiefte sich in das Studium der Mechanik, wie sie bei Lagrange zu finden war. Er wendete viel Zeit auf, »um über die Sache selbst nachzudenken«, wie er nach Hause schrieb, »und gerade die Prinzipien der Mechanik, wie schon die Worte: Kraft, Zeit, Raum, Bewegung sagen, können einen hart genug beschäftigen«.

Sein letztes Werk – kurz vor seinem allzu frühen Tod mit 36 Jahren verfasst – war genau diesen *Prinzipien der Mechanik* und einer sorgfältigen Analyse ihrer Grundbegriffe gewidmet.

Während des Studiums scheute sich Hertz nicht, in alten Schriften aus dem 17. Jahrhundert zu stöbern und nicht zuletzt die alten »Arbeiten Leibnizens« zu lesen, unter anderem dessen »ersten Aufsätze über Differentialrechnung, welche die Erfindung selbst enthalten. Es macht einen besonderen Eindruck, wenn man die sehr unscheinbaren Knospen sieht, aus denen sich die ganze Wissenschaft entfaltet, den unbehilflichen Druck und die sehr unausgebildete Zeichensprache. Auch wenn man bedenkt, dass das, was einem jetzt wie das Stammeln eines Kindes vorkommt, seinerzeit nur den ersten Gelehrten verständlich war.«

Als Hertz die *Prinzipien der Mechanik* schrieb, gelang es ihm, aus den drei Grundgesetzen, die Isaac Newton für diese Physik benötigt hatte, einen Paragrafen zu machen, indem er schrieb: »Jedes freie System beharrt in seinem Zustande der Ruhe oder der gleichförmigen Bewegung in einer geradesten Bahn.« Hertz hatte sich etwas Riesengroßes vorgenommen, nämlich bei den »Aussagen über die Beziehungen zwischen Zeiten, Räumen und Masse (…) nicht mehr allein den Ansprüchen unseres Geistes (zu) genügen«, sondern sie »allen zukünftigen Erfahrungen entsprechen zu lassen«. Dabei brachte er zwar »eine der philosophischsten, wenn nicht *die* philosophische Darstellung der Dynamik (zustande), die je veröffentlicht wurde«, wie Zeitgenossen, etwa Hermann von Helmholtz, urteilten, aber die Leser benötigten ihre Zeit, um sich an die »scharfsinnig verkettete« Lehre zu gewöhnen. Mindestens Ludwig Boltzmann studierte Hertz so nachdrücklich, dass er Briefe an seine Frau mit der Anrede einleitete: »Mein liebes Hertz!« »Mein lieber Hertz« hat leider niemand geschrieben.

*»Es kommt nicht darauf an,
mit dem Kopf durch die Wand
zu rennen, sondern mit den
Augen die Türe zu finden.«*

WERNER VON SIEMENS
(1816–1892)

Natürlich fällt einem heute bei dem Namen Siemens das große Elektrounternehmen mit diesem Namen ein, das in knapp 200 Ländern präsent ist, mehr als 300 000 Menschen beschäftigt und jährlich viele Milliarden Euro Umsatz generiert. Die heutige Siemens AG hat sich aus der 1847 in Berlin von Werner Siemens und Georg Halske gegründeten »Telegraphen Bau-Anstalt von Siemens & Halske« entwickelt, die 1848 einen politisch wichtigen Auftrag übernehmen und ausführen konnte. Es ging um die Verlegung einer Telegrafenleitung von Berlin nach Frankfurt am Main, wo die deutsche Nationalversammlung tagte. Historiker weisen darauf hin, dass die Verbindung der beiden Herren Siemens und Halske als Glücksfall der Technikgeschichte zu verstehen ist, denn Halske zeichnete sich bei der Konstruktion vieler Kleinigkeiten aus, während Siemens das Wissen und die Ideen lieferte, mit denen er zudem gerne experimentierte.

Siemens wollte schon früh einen praktisch-wissenschaftlichen Beruf ergreifen, und so bewarb er sich beim Ingenieurcorps der Preußischen Armee in Berlin. Er wurde aufgenommen und konnte vom Herbst 1835 an eine umfassende Ausbildung auf den Gebieten der Mathematik, Physik, Chemie und Ballistik genießen. Als Leutnant der Artillerie trat Werner Siemens 1838 seinen Dienst in Magdeburg an, ohne zunächst Karriere zu machen. Im Gegenteil. Er hatte sich überreden lassen, als Sekundant bei einem Duell dabei zu sein, was ihm einige Jahre Festungshaft in der Zitadelle Magdeburg einbrachte. Doch statt zu verzweifeln, blühte er auf. In seiner Gefängniszelle konnte er so etwas wie ein Versuchslabor einrichten und dort Verfahren entwickeln, die als elektrische Galvanisierung bekannt wurden und das Versilbern und Vergolden von metallischen Gegenständen ermöglichten.

Siemens blieb nach seiner Freilassung beim Militär, wobei er stets versuchte, mit Erfindungen nebenbei Geld zu verdienen. Er dachte sich unter anderem einen Regler für Dampfmaschinen aus und ersann eine Presse zur Herstellung von Kunststein. 1847 tüftelte er ein Verfahren aus, um Drähte mit einer nahtlosen Umhüllung aus dem eingetrockneten Milchsaft des Guttaperchabaumes – einer Substanz, die dem Kautschuk ähnelt – zu versehen, und dieses Vorgehen wird bis in die heutige Zeit hinein bei der Herstellung isolierter Leitungen und elektrischer Kabel eingesetzt.

Zu seinen besonders großen Leistungen zählt die Entwicklung des elektrischen Generators, der nach dem Siemens zu verdankenden dynamoelektrischen Prinzip funktioniert. Er hatte beobachtet, dass sich auch ohne elektrischen Strom in einem Generator eine elektrische Spannung aufbaut, und zwar durch einen anfänglich kleinen Restmagnetismus, der anschließend durch Induktion die gewünschte Erregung elektrischer Art herbeiführt. Damit konnte elektrische Energie in großem Umfang produziert und bei Elektromotoren eingesetzt werden. Historiker sprechen davon, dass Siemens auf diese Weise gemeinsam mit dem gleichzeitig entwickelten Dieselmotor die alte Dampfmaschine ablösen konnte, was eine zweite industrielle Revolution zur Folge hatte.

Das dynamoelektrische Prinzip war schon anderen Ingenieuren vor Siemens aufgefallen. Er war es aber, der dessen Tragweite richtig einschätzte und sich dabei zutraute, den Siegeszug der elektrischen Energie – in Form von Strom – vorherzusagen.

Zusammen mit Heinrich von Stephan gründete Siemens 1879 den »Elektrotechnischen Verein«, wobei anzumerken ist, dass das heute gebräuchliche und verständliche Wort »Elektrotechnik« damals von Siemens geprägt und in die deutsche Sprache eingeführt worden ist. Siemens wurde der erste Präsident des Vereins und sorgte in dieser Position dafür, dass an den Technischen Hochschulen in Deutschland Lehrstühle für Elektrotechnik eingerichtet wurden. Ebenfalls 1879 stellten Siemens & Halske die erste elektrische Lokomotive vor und richteten in Berlin die erste elektrische Straßenbeleuchtung ein. 1880 baute das Unternehmen in Mannheim den ersten elektrischen Aufzug, und von 1881 an lief die erste elektrische Straßenbahn in Lichterfelde.

Neben technische Neuerungen gehen auch viele soziale Veränderungen auf Siemens zurück. 1872 gründete er für sein Unternehmen eine Pensions-, Witwen- und Waisenkasse. 1873 wurde in dem Unternehmen, dem Halske bald nicht mehr angehörte, eine tägliche Arbeitszeit von neun Stunden eingeführt, was bei einer Sechstagewoche 54 Wochenstunden ergibt, die abgearbeitet werden mussten. Was heute sehr viel klingt, war damals wenig, da im späten 19. Jahrhundert 72 Arbeitsstunden in der Woche als das Übliche angesehen wurden.

Siemens machte sich als Mitglied des liberalen »Deutschen Nationalvereins« und als Mitbegründer der »Deutschen Fortschrittspartei«, für die er in das Preußische Abgeordnetenhaus gewählt wurde, stets Gedanken über das Wohlergehen seiner Mitarbeiter. Von ihm ist der Satz überliefert: »Mir würde das Geld wie glühendes Eisen in der Hand brennen, wenn ich den treuen Gehilfen nicht den erwarteten Anteil gäbe.« Ab der Mitte der 1860er-Jahre zahlte sein Unternehmen Prämien an Arbeiter und Angestellte aus, was als Vorläufer der heutigen Erfolgsbeteiligung angesehen wird.

1860 wurde Siemens von der Universität Berlin die Ehrendoktorwürde verliehen, und als er auf der Weltausstellung in Paris 1867 seinen nach dem dynamoelektrischen Prinzip funktionierenden Generator präsentierte, zeichnete man ihn mit dem Orden der französischen Ehrenlegion aus. Eine Ernennung zum Kommerzienrat durch die Berliner Kaufmannschaft lehnte er jedoch ab. Er sei ein Techniker und fühle sich auch so, wie er stolz sagte.

»Es ist der fortgesetzte, nie erlahmende Kampf gegen Skeptizismus und gegen Dogmatismus, gegen Unglaube und gegen Aberglaube, den Religion und Naturwissenschaft gemeinsam führen, und das richtungsweisende Losungswort in diesem Kampf lautet von jeher: Hin zu Gott.«

MAX PLANCK
(1858–1947)

Wer Max Planck vorstellen will, hat es auf der einen Seite schwer, da er als Physiker äußerst erfolgreich, als Philosoph enorm gründlich und als Politiker höchst engagiert war und ein langes Leben führen konnte, in dessen Verlauf er den Tod von vier Kindern aushalten musste. Wer Planck vorstellen will, hat es auf der anderen Seite aber auch leicht, da eigentlich nur Gutes über den Schöpfer des Quantensprungs berichtet wird und das Material in den Archiven überschaubar ist. Vieles von dem, was Planck selbst an Unterlagen zu seinem Leben zusammengestellt hat, ist in den Bombenangriffen des Zweiten Weltkriegs vernichtet worden, in dessen Verlauf die Nationalsozialisten Plancks Sohn Erwin hingerichtet haben, weil sie ihm vorwarfen, am Widerstand gegen Hitler beteiligt gewesen zu sein.

Planck hat diese und andere Demütigungen ausgehalten, und seine Kollegen haben ihm nach 1945 aus Dankbarkeit angeboten, die 1911 gegründete Kaiser-Wilhelm-Gesellschaft zur Förderung der Wissenschaften mit seinem Namen als Max-Planck-Gesellschaft fortzuführen. Schon lange vorher – im Jahre 1929 – hatte die Deutsche Physikalische Gesellschaft zu seinem goldenen Doktorjubiläum die Max-Planck-Medaille gestiftet, wobei er zusammen mit Albert Einstein als erster Träger dieser Auszeichnung auserkoren und geehrt wurde. Das Paar Einstein-Planck kann unter verschiedenen Aspekten betrachtet werden, wobei zu den Standardanekdoten unter Physikern die Geschichte zählt, der zufolge Planck zwei große Entdeckungen gemacht hat, nämlich neben dem Quantum der Wirkung auch die von Einstein, wobei dieses Ereignis mit einer Kuriosität verbunden ist.

Alles fängt zur Jahrhundertwende an, als Planck in Berlin in einem Vortrag vor der Akademie der Wissenschaften eine Sensation vermelden kann. Planck zeigt sich in der Lage, die Farbe eines Körpers zu berechnen, die er allein aufgrund seiner Erwärmung abstrahlt und die deshalb schwarz heißt. Was für heutige Ohren ziemlich schlicht klingt, stellte am Ende des 19. Jahrhunderts die große Herausforderung für die Theoretische Physik dar, und Planck setzte alles daran, die Umwandlung der Wärme- in Lichtenergie zu verstehen, weil er hier ein allgemeines Gesetz von absoluter Gültigkeit zu finden hoffte. Viele Vorgänger waren bereits gescheitert, als er in einem »Akt der Verzweiflung«, wie er es selbst nannte, den Gedanken ausprobierte, die Energie nicht kontinuierlich fließen, sondern unstetig springen zu lassen.

Planck führte sein berühmtes Quantum der Wirkung in der Wissenschaft ein, das heute in Form von Quantensprüngen Einzug in die Sprache des Alltags gefunden hat. Mit diesen diskreten Änderungen konnte Planck zwar die oben genannten Farben eines schwarzen Körpers genau berechnen – und dafür ist ihm 1918 auch der Nobelpreis für Physik zuerkannt worden –, aber der Gedanke an unstetige Änderungen in der Natur behagte ihm nicht, und Planck hoffte lange darauf, mit dem Quantum nur eine mathematische Hilfsgröße eingeführt zu haben, die man erst gegen null gehen und dann verschwinden lassen könnte.

Dieser Traum kam an sein Ende, als Einstein 1905 zeigen konnte, dass es Plancks Quanten in der physikalischen Wirklichkeit gab, wo sie sich als Teilchen des Lichts bemerkbar machten. Für diese Entdeckung hat Einstein wenige Jahre nach Planck ebenfalls den Nobelpreis für Physik bekommen, was den beiden Namen einen besonderen Klang verlieh. Wenn sich damals jemand über den Niedergang der deutschen Philosophie wunderte, bekam er als Antwort, dass es nach wie vor hervorragende deutsche Philosophen gebe. Sie seien nur in einer anderen Fakultät tätig und hießen Planck und Einstein.

Die Kuriosität, die zu diesen Entwicklungen gehört, besteht darin, dass Planck selbst mit Einsteins Erklärungen der Lichtquanten zunächst wenig anfangen konnte und sogar meinte, sein Kollege sei an dieser Stelle wohl weit über das Ziel hinausgeschossen. Umso auffälliger wirkt daneben das große Lob, das der längst berühmte Planck 1905 dem damals noch unbekannten Einstein für dessen andere Arbeiten aus diesem Jahr zukommen ließ und die das begründeten, was heute als Theorie der Relativität bekannt ist. Als viele Physiker sich noch nicht im Klaren waren, ob Einstein genial oder verschroben war, feierte Planck ihn als neuen Kopernikus der Kosmologie und bot dem Angestellten am Patentamt in Bern eine Stelle in Berlin an, was Einstein zur zweiten – persönlichen – Entdeckung Plancks machte. Dabei ist eine Freundschaft zwischen den beiden Großen der Physik entstanden, die auch die mühevollen Beschwernisse in den Nazi-Jahren überstehen konnte.

Planck hat schon früh in der Schule eine tiefe Liebe zu Themen der Physik entwickelt und sich vor allem früh von dem Ersten Hauptsatz der Thermodynamik beeindrucken lassen, der von der Unzerstörbarkeit der Energie handelt. Physik zeigte sich ihm als »Suche nach dem Absoluten«, und es schien, diese Wissenschaft könne Gesetze hervorbringen, die unabhängig vom Menschen absolute Gültigkeit besitzen und eine kosmische Dimension erlangen. Als Student wurde ihm das Prinzip von der Erhaltung der Energie zu einer »Heilsbotschaft«, weshalb es ihm dann schwerfallen musste, die Energie in Form von Quantensprüngen zu zerstückeln. Das Auffinden grundlegender Gesetze erschien Planck als »die schönste wissenschaftliche Aufgabe«, wobei es für ihn selbstverständlich war, dass man dabei nie an ein Ende kommen würde. Es war doch die Sehnsucht nach dem

Suchen der natürlichen Ordnung, »die das schönste Glück des denkenden Menschen bedeutete« und ihm das Bewusstsein verlieh, »das Erforschliche erforscht zu haben und das Unerforschliche ruhig zu verehren«.

Mit diesen Worten zitierte Planck Goethe, dem er sich sowohl gedanklich wie stilistisch verbunden fühlte. 1947 hat ihm die Stadt Frankfurt den Goethe-Preis verliehen, um öffentlich anzuerkennen, dass »er in einer Zeit geistiger Knechtschaft die Freiheit des Gewissens und das Recht des Glaubens mutig verteidigte«.

»Das Schönste, was wir erleben können, ist das Geheimnisvolle. Es ist das Grundgefühl, das an der Wiege von wahrer Wissenschaft und Kunst steht. Wer es nicht kennt und sich nicht mehr wundern, nicht mehr staunen kann, der ist sozusagen tot und sein Auge ist erloschen.«

ALBERT EINSTEIN
(1879–1955)

Albert Einstein wurde am 14. März 1879 in Ulm geboren, und er ist am 18. April 1955 in Princeton (New Jersey) gestorben. Seine Schulzeit hat Einstein in München und im schweizerischen Aarau verbracht, und studiert hat er an der Eidgenössischen Technischen Hochschule (ETH) in Zürich. Nach dem Examen nimmt Einstein die Schweizer Staatsbürgerschaft an, und von 1902 bis 1909 findet er Arbeit am Patentamt in Bern. In diese Zeit fällt sein als *annus mirabilis* bezeichnetes Wunderjahr von 1905, in dem der 26-jährige Angestellte III. Klasse die Physik und unser Weltbild nicht zuletzt durch eine neue »Auffassung vom Wesen von Raum und Zeit« revolutioniert. 1915 stellt Einstein – inzwischen Professor in Berlin – eine wesentlich erweiterte Fassung seiner neuen Vorstellungen von Raum und Zeit vor, die als Allgemeine Relativitätstheorie bekannt geworden sind und ein merkwürdiges Bild des Kosmos zeigen. Einstein zufolge leben wir nämlich auf der gekrümmten Oberfläche einer vierdimensionalen Raumzeit. Das hört sich (nicht nur) für den Laien völlig unverständlich an, aber die dazugehörigen physikalischen Ideen sind präzisen Messungen zugänglich und damit quantitativ überprüfbar.

Als die geeigneten Experimente 1919 unternommen werden und bestätigen, dass Einsteins Ideen das Universum besser beschreiben als die Vorstellungen von Isaac Newton, an denen man sich seit Jahrhundert orientiert hatte, ist ein neuer Star geboren. Einstein kommt auf die Titelseite der Zeitungen, und die Relativitätstheorie wird zum Stadtgespräch.

Von nun an wächst er in die Rolle des Weltweisen, und sein Gesicht entwickelt sich zu einer Ikone, vor allem das Bild, auf dem er der Welt seine Zunge zeigt. Es ist an seinem 72. Geburtstag in New York entstanden.

1933 emigriert Einstein in die USA. 1934 erscheint in Amsterdam *Mein Weltbild*, in dem das ausgewählte Zitat über die Schönheit des Gefühls zu finden ist. Im Jahr darauf bezieht er in Princeton das Haus in der Mercer Street, in dem er bis zu seinem Tode wohnen wird. 1939 empfiehlt er in einem berühmten Brief dem amerikanischen Präsidenten F. D. Roosevelt, möglichen deutschen Bemühungen um eine Atombombe zuvorzukommen, deren Bau im Rahmen der damals entwickelten Physik gelingen kann.

Bis zu seinem Tod beschäftigen Einstein Fragen der Physik, deren theoretische Grundlegung ihm unlösbare Schwierigkeiten bereitet. Unermüdlich denkt Einstein etwa über die Frage nach, was Licht wirklich ist. Zwar meinen viele Zeitgenossen, die Antwort zu kennen, wie er ironisch anmerkt, aber Einstein zufolge befinden sich diese Lumpen – sein Ausdruck – im Irrtum. Die Geheimnisse bleiben, und Einstein fühlt sich wohl mit ihnen. Nachdem er 1919 weltberühmt geworden ist, hat er auf Bitten von Reportern in einem Satz zusammengefasst, was das neue Bild vom Kosmos bedeutet: »Früher hat man geglaubt, wenn alle Dinge aus der Welt verschwinden, so bleiben noch Raum und Zeit übrig; nach der Relativitätstheorie verschwinden aber Raum und Zeit mit den Dingen.« Ein solcher Satz steckt voller Geheimnisse, über die man sein Leben lang staunen kann.

Es gibt noch viele schöne Sätze von Einstein, in denen der in die deutsche Sprache verliebte Physiker seine Ideen ausdrückt, dem im Dezember 1999 vom Time Magazine der Titel »Person of the Century« zuerkannt wurde. In einer Rede zur Eröffnung einer Funkausstellung in Berlin hat er zum Beispiel 1930 gesagt: »Sollen sich alle schämen, die gedankenlos sich der Wunder der

Wissenschaft und Technik bedienen und nicht mehr davon erfasst haben als die Kuh von der Botanik der Pflanzen, die sie mit Wohlbehagen frisst.«

Bei aller Liebe zur Physik – aber den meisten Menschen fallen bei Einstein eher die Ansichten ein, die er zum lieben Gott geäußert hat, etwa wenn Einstein sagt, »Raffiniert ist der Herrgott, aber boshaft ist er nicht«, oder wenn er ausdrücklich seine Ansicht verkündet, dass Gott nicht würfelt, womit er meint, dass alles physikalische Geschehen in der Welt seine Ursache hat. Zwar hat Einstein an keinen persönlichen Gott geglaubt, der in das Leben des Einzelnen eingreift und ihm zeigt, wo es langgeht. Er ist im Verlauf seines Nachdenkens über die Natur und vor allem den Kosmos immer wieder auf Themen gestoßen, bei denen er göttlichen Rat gebraucht hätte: »Was mich eigentlich interessiert, ist, ob Gott die Welt hätte anders machen können; das heißt, ob die Forderung der logischen Einfachheit überhaupt eine Freiheit lässt.« Und bei anderer Gelegenheit hat Einstein geschrieben: »Ich möchte nichts als meine Ruhe haben und wissen, wie Gott die Welt erschaffen hat. Seine Gedanken sind es, die mich beschäftigen.«

Einstein glaubte an einen Gott, der sich in der Harmonie des Seienden offenbart, so wie sie in den Naturgesetzen zum Ausdruck kommt, und er nannte seine Haltung »kosmische Religiosität«.

Einstein hat nicht nur große Physik gemacht und damit den Kosmos zu verstehen versucht. Er hatte auch Vergnügen an kleiner Physik und zum Beispiel erklärt, warum Teeblätter sich in der Mitte des Bodens einer Tasse sammeln, wenn man das Getränk umrührt. Einstein sprach vom Teetassenphänomen und bemerkte, dass er mit dessen Erklärung nicht nur das erläutern konnte, was auf einem kleinen Tischchen mit dem kleinen Tässchen und seinen Teeblättern passiert. Einstein konnte dabei auch verständlich machen, warum sich auf der großen Erde die großen Wasserläufe in Schlangenlinien krümmen und auf der Nordhälfte vorwiegend auf der rechten Seite erodieren. Einsteins Überlegungen zu der »Mäanderbildung der Flussläufe« findet man in demselben Band, in dem auch von dem Gefühl für das Geheimnisvolle die Rede ist. Sie stehen in dem Kapitel, das »über wissenschaftliche Wahrheit« berichtet. Darauf kam es Einstein an.

»Die Wissenschaft (…) lehrt Menschen, Tatsachen anzuerkennen, sich wundern und bewundern können, gar nicht zu reden von der tiefen Freude und Ehrfurcht, die die Gesetzmäßigkeit des Naturgeschehens dem wahren Wissenschaftler schenkt.«

LISE MEITNER
(1878–1968)

Lise Meitner ist in Wien geboren und in einer Zeit aufgewachsen, in der Frauen noch kein Abitur machen durften. Doch das schüchterne Mädchen setzt sich in der Männerwelt durch und beginnt 1901 als eine der ersten Studentinnen Österreichs mit dem Studium der Physik, des Fachs, für das sie eine unstillbare Leidenschaft hat. Als Doktorandin kommt sie nach Berlin, wo sie bei Max Planck studiert und auf Otto Hahn trifft, mit dem sie eine langjährige Kooperation beginnt. In deren Rahmen untersucht das erste Team der modernen Wissenschaft die damals noch geheimnisvollen Alpha- und Betastrahlen und die dazugehörige Radioaktivität. Zwar kommen die beiden etwa Gleichaltrigen gemeinsam gut voran, aber der Mann allein besetzt die Posten mit den hohen Gehältern, während die Frau lange ohne Bezahlung zu arbeiten hat, nur in Kellerräumen ohne Toilette geduldet ist und einen Hintereingang zum Institut benutzen muss.

Als sie später als Professorin eine eigene Abteilung an einem Kaiser-Wilhelm-Institut in der deutschen Hauptstadt leitet – zu ihren Mitarbeitern zählen unter anderem der spätere Nobelpreisträger Max Delbrück und der umtriebige Carl Friedrich von Weizsäcker –, bleibt sie für viele Herren die untergebene Assistentin Hahns, obwohl jeder Eingeweihte weiß, dass sie mehr von den wissenschaftlichen Dingen und der Physik versteht als er. Die von beiden gemeinsam unterschriebenen Anweisungen werden von Mitgliedern des Instituts denn auch umgewandelt in »Otto Hahn: Lies Meitner«.

Seit den frühen 1930er-Jahren versuchen sich Hahn und Meitner als moderne Alchemisten, wie man gerne sagt, um auszudrücken, dass sie wie die alten Alchemisten versuchen, Elemente umzuwandeln. In früheren Jahrhunderten sollte aus Blei Gold werden, und nun beschießen Hahn und Meitner Uran mit Neutronen in der Absicht, das schwere Element noch schwerer zu machen und in ein sogenanntes Transuran zu verwandeln.

Als sich die Arbeiten ihrem Höhepunkt nähern – nämlich im Jahre 1938 –, bricht die nationalsozialistische Politik mit ihrem krankhaften Antisemitismus in die Laboratorien und ihre Privatsphäre ein. Auf der politischen Bühne vollzieht sich der Anschluss Österreichs an das »Dritte Reich«, und (die längst getaufte) Lise Meitner wird als österreichische Jüdin gezwungen, Berlin sofort zu verlassen. Zwar findet sie eine Möglichkeit, in Schweden unterzukommen, aber leicht wird ihr Leben überhaupt nicht. Sie ist bereits 60 Jahre alt, und es fällt ihr schwer, ein neues, einsames und ziemlich mittelloses Leben zu beginnen. Die Mühsal hat vor allem damit zu tun, dass sie von heute auf morgen ohne jede Möglichkeit dasteht, weiter wissenschaftlich experimentieren zu können. Statt in einem ausgerüsteten Laboratorium steht sie jetzt morgens in leeren Räumen. Sie wird von ihren Freunden und von ihrer geliebten Physik getrennt und muss in einem Land zurechtkommen, dessen Sprache sie nicht versteht. Ihr bleiben nur die Briefe der Kollegen, und im Dezember 1938 erhält sie aufregende Nachrichten von Hahn aus Berlin. Ihm ist zusammen mit dem Chemiker Fritz Straßmann aufgefallen, dass dann, wenn Neutronen auf Uran treffen, nicht schwerere Elemente (Transurane) entstehen, sondern das Gegenteil, nämlich leichtere. Aus dem Uran, so schreibt Hahn, wird Barium, und das sagt ihm, dass der Atomkern des Urans geplatzt sein muss. So zeigen es seine Versuche, die er allerdings weder sich noch anderen erklären kann.

Ein paar Tage später – kurz vor Weihnachten 1938 – bekommt Lise Meitner im tief verschneiten Schweden Besuch von ihrem

Neffen Otto Robert Frisch, der damals als Physiker in Kopenhagen arbeitete. Die beiden spazieren durch die winterliche Landschaft, sie denken über Hahns Ergebnisse nach und deuten seine Befunde richtig. Es ist dabei vor allem Lise Meitner, die erkennt, dass die Spaltung physikalisch möglich ist und dieser Prozess sogar Energie hervorbringt – eben die Kernenergie, die im bald beginnenden Zweiten Weltkrieg in Form von Atombomben militärisch verwendet wird. Eine unglaublich anmutende Situation: Eine ältere und winzig wirkende Frau – Lise Meitner wog damals weniger als 50 kg – entdeckt auf einem Spaziergang am Weihnachtsabend, dass die Menschen riesige Energiemengen des Atomkerns freisetzen und die Welt zerstören können. Ein großartiger Stoff für eine wunderbare Erzählung, an die sich vielleicht irgendwann doch noch jemand traut.

Diese Erzählung könnte auf viele Fragen eingehen: Warum hat Lise Meitner solch ein unstillbares Verlangen nach Physik gehabt? Was meint sie mit dem wunschlosen Streben nach Wahrheit? Und was macht das Besondere der Radioaktivität aus, da sie gleich für zwei große Frauen – Lise Meitner und Marie Curie – das Lebensthema darstellt? Was meinte Lise Meitner, wenn sie von einem wahren Wissenschaftler und seiner Freude und Ehrfurcht schreibt? Und warum wurde sie übergangen, als Otto Hahn allein mit dem Nobelpreis ausgezeichnet wurde?

Was die letzte Frage angeht, so liegen die Dokumente der Nobelstiftung inzwischen offen, und der Blick in die Akten zeigt, dass die entscheidungsberechtigten Personen überhaupt nicht verstanden haben, was Lise Meitner gemacht hat. Ihre Erklärung der Kernspaltung kombiniert höchst raffiniert grundlegende Einsichten der Atomphysik mit einem fundamentalen Ergebnis der Relativitätstheorie. Kein Mann konnte damals glauben, dass eine Frau so klug war.

Lise Meitner dachte stets über die eigenen Experimente hinaus, und sie habilitierte sich mit einer Schrift über *Die Bedeutung der*

Radioaktivität für kosmische Prozesse. Als sie darüber einmal vorgetragen hat, hat eine Zeitung ihre Leser informiert, Frl. Meitner habe über kosmetische Prozesse berichtet. Inzwischen hat sie ihre Anerkennung gefunden, und das chemische Element mit der Ordnungszahl 109 ist nach ihr benannt. Es heißt Meitnerium, ist ein radioaktives Metall und trägt das Symbol Mt.

»Gibt es etwas Schöneres als die unveränderlichen Regeln, die die Welt regieren, etwas Wunderbareres als den menschlichen Geist, der fähig ist, sie zu entdecken? Wie leer (…) scheinen Romane und Märchen neben diesen außerordentlichen Phänomenen, die durch harmonische Gesetze miteinander verbunden sind!«

MARIE CURIE
(1867–1934)

Wer die Geschichte des Nobelpreises schreiben will, wird merken, dass er oder sie den Namen Curie ziemlich häufig einsetzen muss. Marie Curie, die noch Maria Sklodowska hieß, als sie in Warschau zur Welt kam, und die von ihren Schwestern »Mania« gerufen wurde, war nicht nur die erste Frau, die den Nobelpreis für Physik bekommen hat – und zwar für die Untersuchung von radioaktiven Strahlen, die sie gemeinsam mit ihrem Mann, Pierre Curie, durchgeführt hat, der sie nach Stockholm begleiten durfte. Marie Curie war überhaupt die erste Forscherin, die einen zweiten Nobelpreis bekommen hat, und zwar den für Chemie, der ihr alleine im Jahre 1911 überreicht wurde, und zwar »als Anerkennung des Verdienstes, das sie sich um die Entdeckung der Elemente Radium und Polonium, durch die Charakterisierung des Radiums und dessen Isolierung und durch die Untersuchungen über die Natur und die chemischen Verbindungen dieses bemerkenswerten Elementes erworben hat«, wie das Nobelkomitee damals in seiner Begründung geschrieben hat.

Ihre zweite Reise nach Stockholm musste Madame Curie deshalb alleine antreten, weil ihr Mann Pierre 1906 bei einem Zusammenstoß mit einer Pferdekutsche ums Leben gekommen war. In der nachfolgenden Zeit hatte sie sich auf ein Verhältnis mit dem Physiker Paul Langevin eingelassen, was unglücklicherweise an die Öffentlichkeit gelangte, weil jemand ihre Liebesbriefe an Zeitungsredaktionen weitergeleitet hatte. Ihre Bitte an den Geliebten, sich zu ihr zu bekennen, blieb ohne Erfolg, und so musste Madame Curie ihrer Liebe entsagen, um nach Stockholm fahren zu können, wo eine offenbar spießige Gesellschaft die Nase über die erfolgreiche Forscherin rümpfte. Dabei hätte man allen Grund gehabt, ihr dankbar zu sein und voller Verehrung gegenüberzutreten. Schließlich hatte sie einige Wochen vor der zweiten Überreichung eines Nobelpreises einer Kommission in Brüssel eine größere Menge reines Radiumchlorid vorgelegt, mit dessen Hilfe der »Internationale Radiumstandard« festgelegt werden konnte. Und die Curie tat dies ohne jede finanzielle Erwartung, denn im gemeinsamen Einvernehmen verzichtete das Ehepaar Curie von Anfang an darauf, »aus unserer Entdeckung (des Elements Radium und seiner Radioaktivität) pekuniären Vorteil zu ziehen«, wie Madame Curie betonte. »Wir haben kein Patent auf sie genommen und ohne jede Einschränkung die Ergebnisse unserer Forschung veröffentlicht, ebenso wie das Herstellungsverfahren des Radiums. Wir haben überdies allen Interessenten jede Auskunft erteilt, die sie wünschten. Dies war eine große Wohltat für die Radiumindustrie, die sich frei entwickeln konnte und so in die Lage kam, Gelehrten und Ärzten die Erzeugnisse zu liefern, die sie brauchten.«

Solcher Edelmut wird leicht überhört, wenn die Gesellschaft, die den Verrat liebt, eine Verräterin findet, die sie missachten kann. Dabei ging die Erfolgsgeschichte des Namens Curie weiter. Im Jahre nach dem Tod von Marie, also 1935, erhielt nämlich ihre Tochter Irène den Nobelpreis für Chemie, und zwar gemeinsam mit ihrem Mann Frédéric Joliot-Curie, die beide zusammen »für die Synthese von neuen radioaktiven Elementen« ausgezeichnet wurden. Selbst Madame Curies jüngere Tochter, Eve, durfte zu einer Nobelfeier nach Stockholm reisen. Ihr Mann wurde von der UNICEF, dem Kinderhilfswerk der Vereinten Nationen, ausgewählt, den der Organisation für das Jahr 1965 zugesprochenen Friedenspreis entgegenzunehmen, mit dem ein »unermüdlicher Einsatz für das Wohl der Kinder und die damit verbundene Entwicklungshilfe in allen Teilen der Welt« ausgezeichnet wurde.

Ihre wissenschaftlichen Arbeiten hatte Marie Curie 1897 – also im Alter von 30 Jahren – begonnen, indem sie die winzigen Mengen, die das Element Uran an die Luft abgab, sorgfältig und systematisch zu messen lernte. Sie bemerkte dabei, dass die Strahlung als Eigenschaft der Atome des Urans zustande kam, und nun versuchte sie, andere Mineralien zu finden, die ähnliche Eigenschaften aufwiesen. Sie traf dabei auf das Element Thorium und gab dem Phänomen, das hier und beim Uran zu finden war, den Namen der Radioaktivität.

Wo sie auftrat, sang sie das hohe Lied der Wissenschaft, so zum Beispiel 1933, als sie im Jahr vor ihrem Tod bei einer von dem Poeten Paul Valery angeregten Diskussion über »Die Zukunft unserer Kultur« das Wort ergriff und die Teilnehmer mit einem Bekenntnis überraschte:

»Ich gehöre zu denen, die die besondere Schönheit des wissenschaftlichen Forschens erfasst haben. Ein Gelehrter in seinem Laboratorium ist nicht nur ein Techniker; er steht auch vor den Naturgesetzen wie ein Kind vor der Märchenwelt. Wir dürfen niemanden glauben machen, dass der wissenschaftliche Fortschritt sich als ein Mechanismus, als eine Maschine, als ein Getriebe ineinandergreifender Zahnräder begreifen lässt – die übrigens auch ihre eigene Schönheit haben.

Ich glaube auch nicht an die Gefahr, dass der Geist des wissenschaftlichen Abenteuers aus unserer Welt verschwindet. Wenn von allem, was ich um mich gewahre, irgendetwas lebenskräftig ist, so ist es eben dieser Geist des Abenteuers, der unausrottbar scheint und sich mit der Neugier verbindet.«

Es lohnt sich, auf Marie Curies Vorschlag einzugehen, den geistigen Einfluss der Wissenschaft stärker in der Welt zum Tragen kommen zu lassen. Sie ist bei ihrem Bemühen zur »Schöpferin der sozialen Radiologie« geworden, wie gesagt worden ist.

Madame Curie hat ihr Leben für die Wissenschaft eingesetzt und es dabei zuletzt auch verloren. Sie ist an einer Leukämie gestorben, die mit großer Wahrscheinlichkeit auf den Umgang mit radioaktiven Präparaten zurückzuführen ist.

1938 hat Eve Curie eine Lebensgeschichte ihrer Mutter verfasst, und dieses Buch beginnt mit den folgenden Worten: »Sie ist eine Frau, sie gehört einer unterdrückten Nation an, sie ist arm, sie ist schön (...) Sie begegnet in Paris einem Mann, der ein Genie ist wie sie selbst. Sie heiratet ihn. Ihr Glück ist einzigartig.« Es wurde ihr leider nur kurz gewährt.

»Wir haben schmutziges Spülwasser und schmutzige Küchentücher, und doch gelingt es, damit die Teller und Gläser schließlich sauberzumachen. So haben wir in der Sprache unklare Begriffe und eine in ihrem Anwendungsbereich in unbekannter Weise eingeschränkte Logik, und doch gelingt es, damit Klarheit in unser Verständnis der Natur zu bringen.«

NIELS BOHR
(1885–1962)

Niemand ist von seinen Kollegen mit größerem Respekt betrachtet und beschrieben worden als Niels Bohr, dessen physikalische Leistung darin besteht, ein erstes Atommodell entworfen und mit ihm das Periodensystem der Elemente erklärt zu haben:

»Bohrs tiefes Verständnis menschlicher Probleme und sein gewichtiger Einfluss auf die Mitmenschen geben uns die Gewissheit, dass Männer wie Jesus, Lao-Tse, Konfuzius und Buddha wirklich gelebt haben«, wie zum Beispiel John Archibald Wheeler geschrieben hat. Und Albert Einstein meinte: »Bohr ist zweifellos einer der größten Erfinder unserer Zeit auf dem Gebiet der Wissenschaft. Er ist ein wahrhaft genialer Mensch, ein Glück, dass es so etwas überhaupt gibt.«

Einsteins Lob muss allein deshalb überraschen, weil sich die beiden Giganten der Physik im 20. Jahrhundert nicht über tiefreichende philosophische Fragen einigen konnten, die sich ihnen als Physiker stellten. Wie ist zum Beispiel die Wirklichkeit zu verstehen und zu behandeln, in der die Atome eine Rolle spielen? Welche Freiheit bleibt den Menschen, von einem Gott und seiner Schöpfung zu sprechen, wenn sie die Gesetze der Natur sowohl in der kleinen Welt der Atome als auch in der großen Welt des Kosmos kennen? »Gott würfelt nicht«, wie Einstein in der Mitte der 1920er-Jahre keck bestimmte, was Bohr arg verwunderte. Ihm schien es allzu vermessen, Gott vorzuschreiben, wie er zu handeln und die Welt in ihrem Lauf zu ermöglichen habe. Da müsse doch selbst ein Einstein passen.

Doch trotz ihrer bis zuletzt unvereinbaren Ansichten: Der unter seinesgleichen stets selbstbewusst und souverän auftretende Einstein schwärmte sowohl von dem liebenswürdigen und stets versöhnlichen Menschen Bohr als auch von den oftmals verrückt erscheinenden wissenschaftlichen Ideen des Physikers, der in ihm steckte und in dessen Gesicht sich immer wieder der Zweifel zeigte, den er vielfach mit Leib und Seele spürte. Bohrs physikalischen Einfällen und Ableitungen bescheinigte Einstein wiederholt, »höchste Musikalität auf dem Gebiet des Gedankens« zu sein, wobei es ihm sogar wahrscheinlich erscheinen mochte, dass sich Bohr gerade durch diese kreative Art der Anleihe bei der Kunst in die Lage versetzte, die stabile Ordnung der Materie erklärbar zu machen und das periodische System der chemischen Elemente zu erfassen, aus dem das Universum besteht.

Bohr war und bleibt der gute Mensch von Kopenhagen, der uns staunenden Mitbewohnern des Planeten Erde sowohl durch sein Leben als auch durch sein Denken gezeigt hat, wie die bessere Welt zu errichten und zu bewahren sein könnte, von der wir alle träumen.

»Bohr war der nicht ruhende Meister des Fragens«, wie zum Beispiel Carl Friedrich von Weizsäcker selbst noch als junger Physiker bei zahlreichen Gelegenheiten erleben konnte. Der deutsche Diplomatensohn hat nach dem Zweiten Weltkrieg von Bohr als dem »Sokrates unter den Physikern« geschwärmt, der zwar unter seinem Denken zu leiden hatte, der aber auf diese drängende und beharrliche Weise zum Lehrer für die ganze Generation der Naturforscher wurde. Sie entwarfen in den 1920er- und 1930er-Jahren nicht nur das neue und bis heute gültige Weltbild ihrer Wissenschaft, sondern standen im Verlauf des Zweiten Weltkriegs plötzlich auch der Möglichkeit gegenüber, die Kraft der Atomkerne mittels menschlicher Rationalität zu entfesseln und mit ihrer Hilfe eine sonst glanzlose Materie heller als tausend Sonnen scheinen zu lassen.

Wenn sich Menschen treffen, die Bohr gekannt haben und von ihrem Meister erzählen wollen, oder wenn historisch orientierte Personen sich über seinen Rang und seine Bedeutung verständigen, dann dauert es nicht lange, bis erste Anekdoten zur Sprache kommen, die Bohrs eigentümlich dialektischen Witz und seine wahrnehmende und liebevolle Humanität zeigen. Eine besonders aus- und eindrucksvoll erscheinende Geschichte erzählt Werner Heisenberg (1901–1976) in seiner Autobiografie *Der Teil und das Ganze.* Das Geschehen spielt im Jahre 1933 auf einer eher einfachen Almhütte am Ende eines ausgiebigen und anstrengenden Skitages. Nach dem Essen muss Ordnung gemacht werden, und Bohr bekommt die Aufgabe, in die Küche zu gehen, um dort das Geschirr zu waschen. Bei dieser für ihn sicher ungewohnten Tätigkeit fällt dem ewig wachsam Wahrnehmenden plötzlich etwas Wunderbares auf – nämlich das, was als Eingangszitat ausgewählt wurde.

Carl Friedrich von Weizsäcker, der mit von der Partie war, erinnert sich, dass diese Geschichte damit noch nicht zu Ende war. Als Bohr nämlich voller Stolz sein Werk – die gereinigten Teller und blitzblanken Gläser – betrachtete, meinte er noch mit seinem verschmitzten Lächeln: »Dass man mit schmutzigem Wasser und einem schmutzigen Tuch schmutzige Gläser sauber machen kann, wenn man das einem Philosophen sagen würde, er würde es nicht glauben« – wobei es dem Autor dieser Zeilen scheint, dass sich beim Vergleich mit dem Spülen letztlich verstehen lässt, wie Wissenschaft überhaupt funktioniert und Fortschritte erzielt: Eine unklare Idee wird in einem unklaren Experiment geprüft und das Ergebnis in unklaren Worten ausgedrückt. Es ist das Zusammenspiel von allen drei Komponenten – beim Spülen das Geschirr, das Wasser und das Tuch –, mit dessen Hilfe die erwünschte Klarheit entsteht. Der Versuch, Einsichten in die Natur unter Verzicht auf Experimente zu gewinnen, erscheint dann wie Spülen ohne Wasser.

Bohr liebte es allgemein, über Sprache nachzudenken und beim Sprechen mit ihr zu spielen. Einmal ging es um ein Hufeisen, das über der Eingangstür eines Hauses angebracht war, weil dies Glück bringen soll. Bohr erzählte, dass er sich erkundigt habe, ob die Leute wirklich daran glaubten. »Natürlich nicht«, habe man geantwortet, »aber man habe gehört, dass es auch dann hilft, wenn man nicht daran glaubt.«

»Vielleicht wird bei der zukünftigen Gestaltung der Welt die Wissenschaft eine größere Rolle spielen als bisher; nicht so sehr deshalb, weil sie zu den Voraussetzungen der politischen Macht gehört, sondern weil sie die Stelle ist, an der die Menschen unserer Zeit der Wahrheit gegenübertreten.«

WERNER HEISENBERG
(1901–1976)

Wenn in der Öffentlichkeit oder auch im Feuilleton die Rede auf Werner Heisenberg kommt, dauert es nicht lange, bis jemand das Stichwort von der Atombombe in die Gesprächsrunde einbringt. Zwar hat Heisenberg in den Jahren zwischen 1924 und 1932 entscheidend zu dem dramatischen Umbruch beigetragen, der sich damals in seiner geliebten Wissenschaft, der Physik, vollzog – und er ist dafür auch bereits 1932 mit dem Nobelpreis für sein Fach ausgezeichnet worden –, aber viele Menschen fragen lieber nach dem, was er *nicht* gemacht hat – nämlich eine deutsche Atombombe –, als nach dem, was er gemacht hat, nämlich eine Beschreibung der Atome zu geben, mit denen sich verstehen lässt, wie sie unter experimentellen Bedingungen funktionieren.

Heisenberg stammt aus Würzburg, und er hat in München Physik bei Arnold Sommerfeld studiert, dem schon früh das überragende Talent des 20-Jährigen auffiel. Deshalb legte er seinem Studenten bereits im ersten Semester trickreiche Aufgaben der Atomphysik zur Bearbeitung vor. Als Heisenberg damit zurechtkam, schickte ihn sein Lehrer nach Göttingen, wo 1922 der damals berühmteste Physiker, der Däne Niels Bohr, in einer Reihe von Vorlesungen seine neuen Überlegungen zu den Atomen vorstellte. Heisenberg fiel durch scharfsinnige Zwischenfragen auf, die Bohr veranlassten, den jugendlich wirkenden Studenten erst zu einem Spaziergang und dann nach Kopenhagen einzuladen. Heisenberg hat später in seiner Autobiografie *Der Teil und das Ganze* geschrieben, dass seine eigentliche wissenschaftliche

Entwicklung bei dem Göttinger Spaziergang mit Bohr begonnen habe. Im Verlauf der 1920er-Jahre ist dabei das entstanden, was Historiker als »Kopenhagener Deutung« der Atomphysik kennen und deren wesentliche Einsicht in dem Verzicht auf eine objektive Beschreibung der Natur besteht. Wie Bohr und Heisenberg in bis zur Erschöpfung geführten Diskussionen erkannten, spielt das beobachtende Subjekt mit bei der Darstellung der atomaren Wirklichkeit, wobei anzumerken ist, dass es Heisenberg war, der 1925 diesen Gedanken zum ersten Mal in voller Klarheit geschaut hat.

In dem genannten Jahr hatte Heisenberg nach dem Abschluss seines Studiums eine Stelle in Göttingen angetreten. Im Frühjahr erwischte ihn ein schlimmer Anfall von Heuschnupfen, den er durch einen Aufenthalt auf der pollenfreien Insel Helgoland stoppen und bekämpfen wollte. In der Abgeschiedenheit hoch über dem Meer konnte sich Heisenberg vollständig auf die physikalischen Fragen konzentrieren, die ihn seit Längerem plagten und die offenbar eine ungewöhnliche Lösung erforderten. Er hat sie in einer Nacht auf Helgoland gefunden, und die Gemeinde der Physiker hat deshalb ihm zu Ehren einen Gedenkstein auf der Insel errichtet, weil Heisenberg hier etwas Überragendes gelungen ist.

Wie er seinem Freund und Schüler Carl Friedrich von Weizsäcker einmal erzählt hat, lernte Heisenberg auf Helgoland Gedichte aus dem *West-östlichen Divan* von Goethe auswendig, er verbrachte viel Zeit mit Kletterpartien auf den Felsen der roten Insel, aber vor allem bemühte er sich darum, eine neue Mechanik der Atome zu formulieren, in der die Existenz des Quantums der Wirkung eine besondere Rolle spielen musste, das Max Planck im Jahre 1900 in die Physik eingeführt hatte.

Seit seinen Studententagen hatte Heisenberg alle mathematischen Wege abgesucht, um zum Ziel einer Atomtheorie zu kommen, ohne Erfolg zu haben. Irgendetwas musste grundsätzlich im Denken über die Bausteine der Materie anders werden, und so entschied sich Heisenberg zu einer philosophischen Wende. Er drückte sie mit den Worten aus, dass er sich keine (anschaulichen) Modelle mehr von den Atomen machen und nur die Ergebnisse von Messungen berücksichtigen wolle, womit meistens das Licht und seine Frequenz gemeint waren, wie sie etwa bei einem Element wie Wasserstoff beobachtet werden konnten.

Was beim ersten Lesen harmlos klingt, erweist sich beim zweiten Hinschauen als revolutionär. Denn Heisenberg verzichtet auf die sonst selbstverständliche Annahme, dass Atome ein Aussehen haben, das Physiker betrachten und berechnen können. Heisenberg nimmt vielmehr an, dass erst die Physiker den Atomen ihr Aussehen geben. Die Bahn eines Elektrons entsteht dadurch, dass ein Mensch sie beschreibt. Die Atome haben keine Form von Natur aus. Sie bekommen sie erst durch die Darstellung von Physikern. Atome lassen sich deshalb als kreative Schöpfungen von künstlerisch begabten Menschen verstehen, und die dazugehörigen physikalischen Gesetze werden von ihnen nicht entdeckt, sondern erfunden.

Über den entscheidenden Moment seiner wundersamen Nacht auf Helgoland hat Heisenberg in seiner Autobiografie *Der Teil und das Ganze* berichtet. Er ging dabei nach einem philosophischen und einem physikalischen Grundsatz vor, wobei die konkrete Konsequenz darin bestand, dass Heisenberg bei der Beschreibung atomarer Eigenschaften nur Größen verwenden durfte, die experimentell zugänglich waren. Physikalisch richtete sich Heisenbergs ganze Aufmerksamkeit auf die Gültigkeit des Energiesatzes, und dies erlaubte ihm im Schutz einer tiefen Nacht, »die mir vorschwebende Mathematik«, mit der er die Gesetze der Atome ausdrücken wollte, »widerspruchsfrei und konsistent« zu entwickeln.

Auf dem Papier vor ihm nimmt auf einmal und zum ersten Mal das Form an, was heute als Quantenmechanik an den Universitäten gelehrt wird und was sich als unendlich erfolgreich und folgenreich erwiesen hat. Als Heisenberg die mathematische Gestalt der neuen Atomphysik wahrnimmt, zeigt er sich »zutiefst erschrocken«. Er »hatte das Gefühl, durch die Oberfläche der atomaren Erscheinungen hindurch auf einen tief darunter liegenden Grund von merkwürdiger innerer Schönheit zu schauen«. Er weiß nun, dass er mehr als ein trüber Gast auf der dunklen Erde ist, wie er in Goethes *Divan* gelesen hat.

»Ich gehöre zu der Generation, die noch zwischen Verstand und Vernunft unterscheidet. Von diesem Standpunkt ist die Raumfahrt ein Triumph des Verstandes und ein Versagen der Vernunft.«

MAX BORN
(1882–1970)

Es muss Max Born gekränkt haben, als der Nobelpreis für Physik des Jahres 1932 nur an seinen Schüler und Assistenten Werner Heisenberg verliehen wurde. Immerhin hatten die beiden gemeinsam mit Pascual Jordan in den späten 1920er-Jahren die heute berühmte Drei-Männer-Arbeit »Über Quantenmechanik« publiziert, mit der die heute gültige und funktionierende Physik der Atome ihre kanonische Fassung erhielt. Zwar war es Heisenberg gewesen, der in einem genialen Wurf gesehen hatte, wie die alte (klassische) Mechanik durch eine neue – eben die Quantenmechanik – abgelöst werden konnte, aber es war vor allem Born, der sah, wie man die dazugehörige Mathematik sauber und für Lehrbücher geeignet zu Papier bringen konnte.

Zum Glück hat sich die Geschichte an dieser Stelle als gerecht erwiesen, was bedeutet, dass die Schwedische Akademie Born nicht vergessen und ihm 1954 den Nobelpreis für Physik verliehen hat – gemeinsam mit dem Experimentalphysiker Walter Bothe –, und zwar für seine grundlegenden Forschungen zur Quantenmechanik, wie es hieß. Damit meinte das Auswahlkomitee, dass Born den Wahrscheinlichkeitsbegriff in das Verständnis der atomaren Vorgänge eingeführt hatte, und wertete dies als eigenständige Leistung. Born hatte zeigen können, dass das, was die physikalischen Gleichungen für die Atome berechnen ließen, als die Wahrscheinlichkeit zu verstehen war, mit der zum Beispiel ein Elektron einen bestimmten Ort einnimmt oder ihn mit einer bestimmten Geschwindigkeit verlässt und weiterzieht.

Max Born stammte aus Breslau, kam aber schon als Student nach Göttingen – er hat dort 1906 bei dem Mathematiker David Hilbert promoviert –, ist später an der dortigen Universität Professor geworden und in der niedersächsischen Stadt auch gestorben. Wer die wissenschaftlichen Arbeiten von Born überblickt, kann über die Fülle der Themen, die er behandelt hat, nur staunen. Born entwarf zum Beispiel eine Theorie starrer Körper in der Relativitätstheorie, er untersuchte die »Dynamik der Kristallgitter«, über die er auch ein Buch mit diesem Titel publizierte, er kümmerte sich um theoretische Optik (und schrieb ein bis heute benutztes Lehrbuch über dieses Gebiet), und er entwickelte die statistische Interpretation der atomaren Wellenfunktionen, für die ihm 1954 die höchste Auszeichnung der Physik – wie oben erwähnt – zuerkannt wurde. Schon zuvor (1948) hatte man ihm dafür die Max-Planck-Medaille verliehen.

Wegen seiner jüdischen Herkunft wurde Born 1936 die deutsche Staatsbürgerschaft aberkannt. Er emigrierte nach England, wurde 1939 britischer Staatsbürger und blieb bis 1953 auf der Insel. In diesem Jahr ernannte ihn die Stadt Göttingen zu ihrem Ehrenbürger, und heute gibt es eine Straße mit seinem Namen. Sein Grab befindet sich auf dem Göttinger Stadtfriedhof, obwohl er seine späten Jahre in Bad Pyrmont verbracht hat.

Born hat sich nicht nur physikalischen, sondern auch philosophischen Themen gewidmet und unter anderem mit seiner Frau Hedi ein Buch über den *Luxus des Gewissens* geschrieben, in dem die beiden ihre »Erlebnisse und Einsichten im Atomzeitalter« beschreiben. Eine lebenslange Freundschaft verband Born mit Einstein, die in den Jahren 1916 bis 1955 zu einem umfangreichen Briefwechsel geführt hat. Darin enthalten ist Einsteins legendärer Satz (Brief vom 4. Dezember 1926): »Jedenfalls bin ich überzeugt, dass *der* (gemeint ist der Alte, also Gott) nicht würfelt.«

Born erläutert, wie dies zu verstehen ist: »Einstein war fest überzeugt, dass uns die Physik Kenntnisse von der objektiv existierenden Außenwelt liefere. Mit vielen anderen Physikern bin ich langsam durch die Erfahrungen im Gebiete der atomaren Quantenerscheinungen dazu bekehrt worden, dass das nicht so ist, dass wir nur in jedem Zeitpunkt eine rohe, angenäherte Kenntnis der objektiven Welt haben und aus dieser nach bestimmten Regeln, den Wahrscheinlichkeitsgesetzen der Quantenmechanik, auf unbekannte (z. B. zukünftige) Zustände schließen können.«

1957 gehörte Born zu den Mitunterzeichnern des Göttinger Manifestes, das vor allen Dingen auf Carl Friedrich von Weizsäcker zurückging und sich gegen die atomare Aufrüstung der Bundeswehr wandte, was konkret einen Angriff auf den damaligen Atomminister Franz Josef Strauß bedeutete.

Neben seinen großen Leistungen als Forscher und seinen Schriften als Philosoph muss bei Born auf jeden noch Fall sein umfassendes Wirken als Lehrer erwähnt werden. Er hat so etwas wie eine Schule der theoretischen Physik in Göttingen gegründet und unter anderem Doktoranden wie Maria Goeppert-Mayer, Victor Weisskopf, Max Delbrück, Friedrich Hund und Robert Oppenheimer gehabt. Mit dem zuletzt Genannten hat Born 1928 die sogenannte Born-Oppenheimer-Näherung ausgearbeitet, mit der es möglich ist, die Quantenmechanik in der Molekülphysik einzusetzen.

Wer an den Seminaren teilnehmen konnte, die Born in den 1920er- und 1930er-Jahren in Göttingen durchgeführt hat, durfte erleben, wie sinnvoll ein Elfenbeinturm in der Wissenschaft ist. Die Teilnehmer im Seminar – da saßen etwa Oppenheimer, Delbrück und Norbert Wiener nebeneinander – zeigten sich eher unfähig, mit dem Alltag fertigzuwerden, was Born begriff und durch geschickte Hilfestellung ausglich. Außerdem erwies sich die damals entstehende Quantenmechanik als so verrückt, dass man diese Eigenschaft auch den Physikern zugestehen musste, die sich damit beschäftigten. Born zeigte dafür Verständnis, was bei einem Beobachter seines Hauptseminars – gemeint ist Delbrück, der dem Autor dieses Buches davon erzählt hat – den Eindruck entstehen ließ, seine Zeit in einem Kreis von »Oddballs« zu verbringen. Wenn sich etwa Oppenheimer zu Wort meldete, bekam man nur ein hilfloses Njum-Njum-Gestotter zu hören, dem Born aber aufmerksam lauschte. Er fand dann, was wichtig war, und teilte es allen mit.

»Man darf auch einen Weltschöpfer nicht gefühlsmäßig überfordern *mit Wünschen nach garantierter Gesundheit für Gerechte. Es gibt ja noch viele Dinge auf Erden, die so ein geplagter Weltschöpfer berücksichtigen muss und die ich noch gar nicht verstehe; da muss man schließlich froh sein, dass er es* so *weit gebracht hat.«*

WOLFGANG PAULI
(1900–1958)

Wer einen Fachmann um eine populäre Charakterisierung des nahezu unbekannten genialen Wolfgang Pauli bittet, hat gute Aussichten, zunächst eine Geschichte zu hören. Sie zeigen den Physiker manchmal tollpatschig – etwa wenn er einem Mitarbeiter einen Korkenzieher mit der Bitte reicht, eine Sektflasche zu öffnen –, aber meist lassen sie ihn sehr selbstsicher erscheinen. So wird erzählt, dass Pauli nach seinem Tod im Himmel ankommt und sofort verlangt, Gott zu sprechen. Der Herr erscheint und fragt, was Pauli will. »Ich will wissen«, antwortet der Gefragte, »warum nicht alle Gesetze der Physik spiegelsymmetrisch sind. Warum gibt es Vorgänge in der Natur, deren Spiegelbilder zeigen, was es nicht geben kann? Hier, hast Du Kreide, das ist eine Tafel, jetzt zeig mir den Grund.« Der Herr schaut sich etwas verlegen um, beginnt dann aber, mathematische Formeln auf die Tafel zu schreiben und in Beziehung zu setzen. »Ach, das ist doch Unsinn«, ruft Pauli, um hinzuzufügen: »So geht das nicht, das habe ich doch selbst schon probiert.«

Der Lebenslauf, den der 1927 in Hamburg lebende Pauli nach Zürich schickt, weil er dort an der ETH ordentlicher Professor für Theoretische Physik werden will, beginnt mit den Worten: »Ich bin am 25. April 1900 in Wien als Sohn des Universitätsprofessors und Arztes Dr. Wolfgang Pauli geboren.« Paulis Text fährt fort: »Nachdem ich 1918 das humanistische Gymnasium absolviert hatte, studierte ich 6 Semester an der Universität München. Hier war mein Lehrer in theoretischer Physik Professor Arnold

Sommerfeld, und die Anregungen, die ich von ihm (...) empfing, waren für meine wissenschaftliche Ausbildung entscheidend. Zunächst war ich mit Fragen der Relativitätstheorie beschäftigt, worüber ich einige kleinere Noten publizierte, vor allem aber im Auftrag Sommerfelds einen zusammenfassenden Artikel für die mathematische Encyklopädie verfasste. Bald wandte ich mich aber Fragen der Quanten- und Atomphysik zu, welches Gebiet bis heute mein Arbeitsfeld geblieben ist. Im Juni 1921 promovierte ich in München mit einer Dissertation, die ein spezielles Molekülmodell zum Gegenstand hatte.«

Nach Hinweisen auf seine nachfolgenden Assistentenjahre – unter anderem bei Niels Bohr in Kopenhagen – kommt Pauli auf seine nächsten Arbeiten zu sprechen: »Anfang 1924 habilitierte ich mich mit einer Arbeit, die eine Verallgemeinerung der von Einstein in die Quantentheorie der Strahlung eingeführten statistischen Gesetze enthielt. Ende des Jahres 1924 verfasste ich eine Arbeit, die einen allgemeinen, den Atombau betreffenden Satz enthielt, der sich als sehr fruchtbar erwiesen hat und seither in der Literatur vielfach zitiert wird.«

Die zuletzt erwähnte Arbeit wird Pauli im Jahre 1945 den Nobelpreis für Physik eintragen und seinen Namen fest in der Geschichte dieser Wissenschaft verankern. Mit dem erwähnten »Satz« wird das im atomaren Bereich universell gültige Pauli-Prinzip oder Pauli-Verbot eingeführt, das Verhaltensregeln für Elektronen aufstellt. Diesen Mitgestaltern der Atome wird – in aller Kürze – nicht gestattet, gleich zu sein und das Gleiche zu tun. Einem Elektron wird durch Pauli verboten, sich wie sein Nachbar zu bewegen. Es muss anders sein und sich individuell verhalten. Erfolg und Akzeptanz des Pauli-Verbots erklären sich durch die Tatsache, dass mit seiner Hilfe grundlegende Qualitäten von Atomen erklärt werden können, etwa die Eigenschaften, ausgedehnt zu sein und chemische Bindungen eingehen zu können.

Paulis Arbeit erscheint im Frühjahr 1925, und sie markiert den Umschlagpunkt, an dem das Gebäude der klassischen Physik zu kippen beginnt. Das Pauli-Prinzip befördert den Umsturz im wissenschaftlichen Weltbild, in dessen Verlauf die durch Galilei und Newton eingeleitete Mechanik mit ihren anschaulichen Darstellungen und eingängigen Modellen überwunden und durch eine ungewöhnliche neue Form – die Quantenmechanik – ersetzt wird. Die mit deren Entstehung verbundene Auflösung der alten Gewissheit beginnt, vielleicht nicht zufällig, gerade im Jahr von Paulis Geburt, und sie findet ihren ersten Abschluss ungefähr in dem Jahr, in dem er den erwähnten Ruf der ETH bekommt. Pauli entschließt sich, ihn anzunehmen. Im Frühjahr 1928 trifft er in Zürich ein, wo er, mit nur wenigen Unterbrechungen, die ihm noch gewährten 30 Jahre bis zum Ende seines Lebens geblieben ist.

Pauli ist ein Wunderkind gewesen. Der gerade einmal 18 Jahre alte Studienanfänger reicht kurz nach der Reifeprüfung seine ersten wissenschaftlichen Arbeiten zur Veröffentlichung ein. Er hat sich Gedanken über die Energie des Gravitationsfeldes gemacht, das Einstein erst ein paar Jahre zuvor in die Physik eingeführt hatte, und zwar in seiner sogenannten Allgemeinen Relativitätstheorie. Sie erwies sich als so kompliziert, dass zeitgenössische Physiker munkelten, die Zahl der Wissenschaftler, die Einsteins Theorie verstehen, könne man an den Fingern einer Hand abzählen. Der blutjunge Pauli gehörte somit zu dem exklusivsten Klub der Physiker seiner Zeit. Er beeindruckte seine Umwelt dermaßen, dass er gebeten wurde, den Handbuchartikel über die Relativitätstheorie für die berühmte Encyklopädie der mathematischen Wissenschaften zu schreiben – eine Aufgabe, die ursprünglich Einstein selbst übernehmen sollte.

Paulis weit über 200 Seiten langer Aufsatz erscheint im Jahre 1921, und Einstein ist begeistert: »Wer dieses reife und groß angelegte Werk studiert, möchte nicht glauben, daß der Verfasser ein Mann von 21 Jahren ist. Man weiß nicht, was man am meisten bewundern soll, das psychologische Verständnis für die Ideenentwicklung, die Sicherheit der mathematischen Deduktion, den tiefen physikalischen Blick, das Vermögen übersichtlicher systematischer Darstellung, die Literaturkenntnis, die sachliche Vollständigkeit, die Sicherheit der Kritik.« Es ist schade, dass so wenig über Pauli bekannt ist, der lange Zeit auf einen Biografen warten musste – kein Ruhmesblatt für unsere Kultur.

»Wenn wir unser wahres Ziel (unmittelbares, durchdringendes und vollständiges Wissen) nicht für immer aufgeben wollen, dann (müssen sich) einige von uns an die Zusammenschau von Tatsachen und Theorien wagen, auch wenn ihr Wissen aus zweiter Hand stammt und unvollständig ist – und sie Gefahr laufen, sich lächerlich zu machen.«

ERWIN SCHRÖDINGER
(1887–1961)

Erwin Schrödinger hat ein merkwürdiges Leben geführt. Er wollte eigentlich mehr oder weniger abgeschieden von der großen Welt an einer kleinen Universität am Rande der Donaumonarchie Physik unterrichten, um daneben Philosophie treiben und vor allem in das indische Denken eindringen zu können. Doch in der Mitte der 1920er-Jahre ärgerte er sich über eine neue Beschreibung der Atome und ihre Quantensprünge, die Werner Heisenberg vorlegt hatte und in der es schien, als ob die Wirklichkeit von den Physikern erfunden würde. Schrödinger machte sich an die Arbeit, um zu einer klassischen Beschreibung voller Objektivität zurückzufinden, was ihm scheinbar auch gelang, als er die heute als Schrödinger-Gleichung bekannte Formulierung der atomaren Gesetze aufstellte, für die ihm 1933 der Nobelpreis für Physik überreicht wurde.

Doch zu seinem Missfallen gab seine Gleichung gerade nicht die Wirklichkeit selbst wieder. Sie erhielt nur Angaben darüber, wie das Reale zu berechnen sei, was Schrödinger wütend machte. Er dachte sich ein absurdes System aus, um den Unsinn der Quantenhopserei zu entlarven, wie er es nannte, und diese Anordnung hat seinen Namen berühmt gemacht.

Die Rede ist von »Schrödingers Katze«, die in den 1930er-Jahren das Licht der Welt erblickte, wenn man so sagen darf. Eigentlich ist sie in einem Kasten eingesperrt, in dem nichts passiert, solange ein radioaktives Atom stabil bleibt und nicht zerfällt. Passiert das doch, löst die freigesetzte Energie einen Mechanismus aus, bei der ein Giftgas entsteht, das die Katze umbringt. Ein Beobachter vor dem Kasten weiß nichts von dem, was in ihm passiert, aber er kann durch eine Klappe nachschauen, wie es der Katze geht. Nun sagt die Quantenmechanik (von Heisenberg und Schrödinger) voraus, dass die Katze in keinem eindeutigen Zustand ist, solange dieser nicht ermittelt wird. Das brachte Schrödinger zu der Frage, ob der Beobachter, der durch den Sehschlitz feststellt, dass die Katze tot ist, das süße Tier gerade dadurch umgebracht hat.

Wie dem auch sei: Schrödinger hielt die gesamte Quantenwelt für skurril und ergänzungsbedürftig, wobei er sich darin mit Albert Einstein einig war, die beide in den Jahren vor der Machtübernahme der Nationalsozialisten in Berlin tätig waren. An einem Nachmittag saß Schrödinger mit seiner Frau beim Tee, als sie ihn fragte, wie es kommt, dass die Blätter nach dem Umrühren sich immer im Zentrum des Tassenbodens versammeln. Schrödinger wusste keinen Rat, kannte aber die Telefonnummer von Einstein, den er um Hilfe bat und der das Problem lösen konnte.

Schrödinger hielt es in Berlin etwas länger aus als Einstein. Für die ihm kulturlos erscheinenden Nazis hatte er nur Verachtung übrig, und vor einigen von ihnen hat er Zeugen zufolge ausgespuckt. Als Österreicher war er bis zum Anschluss seines Landes geschützt, aber Schrödinger emigrierte rechtzeitig aus Protest gegen Hitlers Machtergreifung. Er versuchte erst noch, in Graz unterzukommen, erfuhr aber bald zu seinem großen Glück, dass in Irland ein Mathematiker Präsident geworden war, der den Nobelpreisträger Schrödinger einladen wollte, nach Dublin zu kommen, wo die irische Regierung ein »Institute for Advanced Studies« eingerichtet hatte.

Schrödinger folgte diesem Angebot und erreichte damit doch noch sein Ziel, mehr oder weniger abgeschieden von der großen Welt an einer kleinen Universität ungestört seinen geistigen Neigungen nachgehen zu können. Irland und Dublin passten ihm sehr und kamen seinen Wünschen entgegen. Zum einen wurde Schrödinger zweisprachig erzogen, wodurch ihm das Englische nicht nur keine Mühe, sondern im Gegenteil Freude machte. Zum anderen fiel es ihm hier noch leichter, zu dem Schürzenjäger zu werden, der er sein Leben lang war und sein wollte. Er hatte – neben seiner Ehefrau – zahlreiche Geliebte, denen er auch Gedichte widmete, die sogar publiziert wurden.

Als wissenschaftlich folgenreichste Arbeit der Dubliner Jahre entpuppte sich die Vorlesungsreihe »Schrödinger lectures«, die der Wissenschaftler zwischen 1943 und 1944 an seinem Institut anbot und in der er versuchte, die Frage »Was ist Leben?« mit den Augen eines Physikers zu beantworten. In dem dazugehörigen Buch, das zum Ende des Zweiten Weltkriegs erschien und bis heute nachgedruckt wird, verkündet Schrödinger mit ungeheurer Lässigkeit, dass es einen genetischen Code gibt und die zentrale Frage der kommenden Biologie die nach der Natur des Gens sein wird. Schrödingers Buch enthält erstaunlich viele Fehler, die nicht dem Autor, sondern dem damaligen Stand der Wissenschaft zugerechnet werden müssen, wobei dieser Hinweis erkennen lässt, dass es nicht unbedingt auf Tatsachen ankommt, wenn man sich ein Bild von der Natur und vom Leben machen will. Tatsachen ändern sich oftmals schneller als die Erscheinungsdaten von Lehrbüchern.

Zu den durchgängig empfehlenswerten Stellen in Schrödingers Buch *Was ist Leben?* gehört das Bekenntnis des Physikers, dass er kein Fachmann der Biologie ist, seiner Ansicht nach das Leben aber ein zu großes Thema sei, um nur von einer einzigen Disziplin verhandelt zu werden. Natürlich kann man sich als Physiker blamieren, wenn man Genetikern und Biochemikern Ratschläge gibt. Aber den Mut zu dieser Blamage muss man aufbringen und die dazugehörige Kritik aushalten, wenn es im wissenschaftlichen Denken weiter vorangehen soll.

Was ist Leben? erscheint zur richtigen Zeit und wird ein gefundenes Fressen für die Physiker, die aus dem Krieg zurückkommen und nach einem friedfertigen Bereich der Forschung suchen. Schrödingers Überzeugung, dass das Gen reif für ein grundlegendes Verständnis ist, wenn man sich ihm aus unterschiedlichen Richtungen nähert, fällt auf fruchtbaren Boden, und nun dauert es nicht mehr lange, bis die Molekularbiologie in Gang kommt und unter anderem die Struktur der Gene beschreiben kann – die Doppelhelix aus DNA.

»Ich kann nicht ständig in der wissenschaftlichen Sphäre leben. Ich brauche den Wechsel zu anderen Perspektiven, wie sie die Musik und andere Künste bieten. Es gibt die Redensart, ›Morgens vollziehe ich die Kehrtwende vom Mysterium zur Realität, abends die Kehrtwende von der Realität zum Mysterium.‹ Wir brauchen solche unterschiedlichen Zugänge.«

VICTOR WEISSKOPF
(1908–2002)

Victor Weisskopf stammt aus Wien. Er hat eine Autobiografie verfasst, die im amerikanischen Original *The Joy of Insight* verspricht, was der deutschsprachige Verlag meinte, mit »Mein Leben« übersetzen zu müssen. Das 1991 erschienene Buch fängt mit folgenden Hinweisen an: »Geboren und aufgewachsen in Mitteleuropa, wurde ich durch die Zeitläufte nach Amerika verpflanzt. Zwei Weltkriege habe ich miterlebt – den einen als Kind, den anderen als Mitarbeiter an der Bombe (…) In meiner Jugend hatte ich Gelegenheit, das Beste an europäischer Kultur in Wissenschaft, Kunst und Musik kennenzulernen, sah dann mit an, wie diese Kultur durch die Nazis zerstört wurde und wie sie nach dem Krieg wieder auferstand.«

Trotz seiner politischen und kulturellen Erschütterungen hält Weisskopf die Ansicht für zutreffend, dass das von ihm erlebte Jahrhundert »eine beispiellose Entwicklung in den Naturwissenschaften gebracht« hat. Er empfindet so, wie Charles Dickens einmal geschrieben hat: »Es waren die besten aller Zeiten, es waren die schlimmsten aller Zeiten.«

Wissenschaft wurde für Weisskopf zum Beruf, während dessen Ausübung er aber festhielt: »Musik bleibt meine Religion.«

Als Achtjähriger hat er angefangen, Klavierstunden zu nehmen, und dabei im Laufe seines Lebens vor allem die Kompositionen von Mozart schätzen gelernt. Im letzten Kapitel seiner Autobiografie erläutert Weisskopf, wie »Mozart, Quantenmechanik und eine bessere Welt« zusammenhängen und -gehören. Es geht zum einen um das Glücksgefühl, das ein Mensch erfahren kann, der, wie er, sowohl in Mozarts Musik eintauchen als auch mit der Quantenmechanik umgehen kann und sich mit beiden Kulturleistungen vertraut fühlt. Die angekündigte bessere Welt wird zum anderen nicht nur individuell, sondern insgesamt für die menschliche Gemeinschaft möglich, wenn Menschen sowohl ihren Kopf als auch ihr Gefühl einsetzen, um ihr Leben zu gestalten. Mit dem rational operierenden Verstand bauen sie das Haus oder die Gesellschaft auf – wobei in jedem Fall dafür zu sorgen ist, dass sich auch das Herz erfreuen kann. Es gibt eben beides, die Fähigkeit zur Rationalität und die Sehnsucht nach dem Mysterium, und diese Einsicht lässt sich gut mit dem Gedanken der Komplementarität ausdrücken.

Weisskopf hat sich mit diesem Gedanken während seiner Zeit bei Niels Bohr in Kopenhagen beschäftigt. Dort hat er auch seine Frau Ellen kennengelernt, mit der er von 1932 an sein Leben bis zu ihrem Tod im Jahre 1989 geteilt hat.

Mit dem Kunstwort »Komplementarität« ist die Erfahrung der Atomphysik gemeint, dass sich nur mit widersprüchlichen Bildern erfassen lässt, was zum Beispiel Licht ist. Es kann sich sowohl als Welle als auch als Teilchen zeigen, selbst wenn diese beiden Vorstellungen sich eher auszuschließen scheinen. Bohr liebte es, diesen zunächst physikalischen Gedanken allgemein zu formulieren und zu sagen, dass es zu jeder Beschreibung von Wirklichkeit eine zweite gibt, die der ersten zwar entgegenläuft, die aber gleichberechtigt mit ihr ist und mit ihr zusammen benötigt wird, um der Erklärung eines anvisierten Phänomens zu genügen. Als Beispiel kann man zum einen an die Beschreibung der Natur als »Mutter Erde« oder als Quelle von Rohstoffen denken. Man kann aber auch den Unterschied zwischen Mozart und der Quantenmechanik ins Auge fassen, bei der einmal eher das Herz und dann mehr der Kopf zum Einsatz kommen. Menschen verfügen stets über beide Möglichkeiten und können die uns umfangende und formende Wirklichkeit wahrlich nur als Summe von komplementären Beschreibungen verstehen oder durch komplementäre Erlebnisse aufnehmen, wobei man auch einmal versuchen sollte, Mozart mit dem Kopf und die Quantenmechanik durch das Herz zu erfassen.

Die bessere Welt, die Weisskopf meint, ist die des Dialogs von komplementären Gegenübern – etwa von Kunst und Wissenschaft, die in der Tiefe zusammenhängen, wie Weisskopf im Laufe seines Lebens gelernt und akzeptiert hat. Für ihn sind »Kunst und Musik einerseits und Wissenschaft andererseits grundlegend verschiedene Erfahrungen«, die aber gemeinsam die Humanität ermöglichen, auf die es ankommt. Die bessere Welt entsteht, wenn wir Kunst und Wissenschaft gleichberechtigt behandeln und sie nicht als zwei Kulturen verstehen, von denen nur eine wichtig zu nehmen ist.

Während seines Studiums in Göttingen, Leipzig, Kopenhagen und Zürich hat Weisskopf die Gelegenheit gehabt, mit einigen der ganz großen Männer der Physik zusammenzuarbeiten – zum Beispiel mit Werner Heisenberg und Wolfgang Pauli neben dem bereits erwähnten Bohr. Durch seine jüdische Herkunft war Weisskopf gezwungen, in die USA zu emigrieren, wo er Professor am weltberühmten MIT (Massachusetts Institute of Technology) wurde. Er kehrte in den 1960er-Jahren nach Europa zurück, um fünf Jahre lang als Generaldirektor am CERN, dem europäischen Zentrum für Kernphysik, zu wirken. Während des Zweiten Weltkriegs hat Weisskopf auch am Manhattan-Projekt mitgearbeitet und ist im Juli 1945 Augenzeuge des ersten Atombombentests gewesen – um anschließend zu schwören, sich nie wieder an der Entwicklung von Waffen zu beteiligen. Die Aufgabe am CERN wurde ihm dadurch erleichtert, dass der Gedanke einer europäischen Zusammenarbeit damals starke Unterstützung fand und Europa den Höhepunkt seines »Wirtschaftswunders« erreicht hatte.

Im Laufe seines Lebens vertiefte sich Weisskopf mehr und mehr in die Teilchenphysik, die deshalb eine besondere Anziehungskraft ausübte, weil es Ende der 1950er- und Anfang der 1960er-Jahre möglich geworden war, dabei bis zum innersten Aufbau der Materie vorzudringen. Was die Welt im Innersten zusammenhält, wurde rätselhafter und geheimnisvoll, als man erkannte, dass die Bausteine der Atome – Protonen und Neutronen – gar keine Elementarteilchen, dafür aber zusammengesetzt waren. Woraus denn nur? Am CERN wollte man das wissen.

»In der Wissenschaft werden die tiefgehenden Dinge nicht gefunden, weil sie nützlich sind, sondern weil es möglich war, sie zu finden.«

J. ROBERT OPPENHEIMER
(1904–1967)

»In der Sache J. Robert Oppenheimer«: So heißt »ein szenischer Bericht«, der von dem 1922 geborenen Heinar Kipphardt in den frühen 1960er-Jahren verfasst wurde, und zwar für das Fernsehen. Das Hessische Fernsehen hat Kipphardts Stück am 23. Januar 1964 gesendet, und die Presse hat von einem Ereignis gesprochen, »das zweifellos noch eine ganze Weile nachwirken wird«. Dem szenischen Bericht liegt eine historische Begebenheit zugrunde, die als »Fall Oppenheimer« bekannt geworden ist. Es geht um die Tätigkeit eines Untersuchungsausschusses des amerikanischen Senats, der am 12. April 1954 in Washington, D. C. seine Arbeit aufnahm; er sollte klären, ob der Atomphysiker Oppenheimer, der das Manhattan-Projekt zur Entwicklung von Kernwaffen in den Jahren des Krieges geleitet hatte, sich der Regierung seines Landes gegenüber in den anschließenden Jahren des Kalten Krieges loyal verhalten hat, als es um die Anfertigung einer »Super«, der Wasserstoffbombe, ging. Nach dem Krieg hatte sich Oppenheimer als Berater der neu gegründeten amerikanischen Atomenergiebehörde für eine internationale Kontrolle der Atomenergie und gegen ein nukleares Wettrüsten zwischen der Sowjetunion und den USA eingesetzt.

Es gab wochenlange Verhöre, die ausführlich dokumentiert wurden. Mithilfe dieser Dokumente hat Kipphardt seinen Bericht für das Fernsehen verfasst.

Der Autor dieser Zeilen hat wie sicher viele seiner Zeitgenossen den Namen Oppenheimer zum ersten Mal in diesem politischen Zusammenhang gehört, und so denkt man, dass der aus New York stammende Physiker vor allem der Mann ist, dessen organisatorischem Talent und sozialem Engagement die Menschheit die Atombombe verdankt. Wenn auch nicht zu leugnen ist, dass Oppenheimer die amerikanischen Laboratorien geleitet hat, die zwischen 1943 und 1945 die erste Atomwaffe konstruierten, so könnte doch fast nichts weiter von der Wahrheit entfernt sein. Oppenheimer ist unter privilegierten Umständen in einem vornehmen Viertel von Manhattan aufgewachsen, und er hat sich als Student der Theoretischen Physik zugewandt. Er besuchte unter anderem das Seminar von Max Born in Göttingen und hat sich dabei durch elegante mathematische Arbeiten und ein wenig Weltfremdheit hervorgetan.

In den 1930er-Jahren begann Oppenheimer, sich mit der kosmischen Sicht zu beschäftigen, die nach Albert Einsteins Allgemeiner Relativitätstheorie von 1915 möglich geworden war. Mit den dazugehörenden Gleichungen der Physik ließ sich ein apokalyptisches Ende der Welt vorhersagen. Einsteins Formeln ermöglichen den Kollaps des ganzen Weltalls aufgrund seiner Masse, wie man heute allgemein weiß, wie aber auch erst einmal gesagt werden musste. Und es war ausgerechnet Oppenheimer, der als Erster auf diesen Tatbestand hingewiesen hat, und zwar in den Jahren, als er noch mit Archibald Wheeler und Einstein am Institute for Advanced Studies in Princeton zusammenarbeitete. Erst danach ging er in die Wüste Neu-Mexikos, um für sein Land und sein Volk das Manhattan-Projekt zu leiten.

Bleiben wir bei der Physik, dann nimmt Oppenheimers Einsicht Bezug auf die in Einsteins kosmischer Physik enthaltenen (mathematischen) Möglichkeiten, dass dann, wenn erst einmal genügend Masse in einem wahrhaft gigantischen Stern versammelt ist, sich diese Materiemenge nicht ruhig verhält und stabil bleibt. Sie agiert vielmehr auf die seltsamste Weise und rückt unter dem Einfluss ihrer eigenen Schwerkraft enger zusammen. Erst nimmt nur die Dichte zu, wie man es aus dem Alltag kennt, wenn wir etwa einen Schneeball formen und zusammendrücken. Dann greift die Schwerkraft die Atome selbst an und presst die Elektronen in den Kern hinein. In diesem entstehen dann Neutronen, die alleine übrig bleiben und eine neue Art von Materie entstehen lassen. Sie ist später tatsächlich gefunden worden, nämlich auf den Sternen, die folgerichtig als Neutronensterne bezeichnet werden. Auf ihnen ist eine Handvoll Materie so schwer wie ein Kreuzfahrtschiff oder ein Jumbojet. Damit ist die Entwicklung aber noch nicht zu Ende, die mit der ursprünglichen Massenversammlung begonnen hat. Die Neutronen selbst können nämlich in sich zusammenstürzen, und dieses Einbrechen setzt sich fort – so Oppenheimers Mitteilung an Wheeler im Jahre 1939 –, bis alles auf einen Punkt zusammenstürzt. Theoretische Physiker sagen zu diesem Punkt »Singularität«. In ihr verschwindet die ganze Masse in einem apokalyptischen Akt, mit dem Oppenheimer jetzt theoretisch vertraut war.

Trotz Los Alamos und trotz der Atombombe, die der Jude Oppenheimer auf keinen Fall in den Händen der Nazis sehen wollte, war es immer die Wissenschaft, die den Vater der Kernwaffen anzog und beschäftigte. Zwar hatte er sich innerlich von dem Projekt einer Wasserstoffbombe losgesagt – eine Haltung, die zu den Verhandlungen »In der Sache J. Robert Oppenheimer« führte –, als sich aber bei den Arbeiten seiner alten Kollegen eine Fragestellung zeigte, die ihm »technically sweet« und mit seinen Mitteln lösbar erschien, da hat Oppenheimer alle moralischen Bedenken vergessen und sich mit der theoretisch-physikalischen Aufgabe befasst.

In der Mitte der 1950er-Jahre ist ein Buch von ihm erschienen, in dem er sich dem Thema *Atomkraft und menschliche Freiheit* zuwendet. In einer Reihe von Essays stellt er unter anderem den »Triumph der Naturwissenschaft« und das Verhältnis von »Wissenschaftler und Gesellschaft« vor. In dem erstgenannten Text erläutert Oppenheimer, wie sehr »die Bedingungen menschlichen Daseins durch die Wissenschaft (...) verändert worden sind«. Ihm ist dabei wichtig, dass »die wissenschaftlichen Entdeckungen der letzten Jahrhunderte und ihre praktische Anwendung (...) nicht nur die materiellen Umstände, sondern auch zahlreiche geistige Erscheinungen gewandelt« haben, und er meint zum Beispiel »den Blickpunkt für moralische Entscheidungen«. An den Wissenschaften begeistert Oppenheimer vor allem, dass sie »die Bildung aus einem Vorzugsrecht zu einem allgemeinen Recht« haben werden lassen, und er bekennt sich zu der Idee von Thomas Jefferson, der einmal von dem »brüderlichen Geist der Wissenschaft« gesprochen hat, »der alle ihre Anhänger zu Mitgliedern einer einzigen Familie macht«, gleichgültig, wie weit über den Erdball sie verteilt sind.

*»Man wird nicht sagen dürfen,
dass die Physik die Geheimnisse
der Natur wegerkläre, sondern dass
sie sie auf tieferliegende Geheimnisse
zurückführe.«*

CARL FRIEDRICH VON WEIZSÄCKER
(1912–2007)

Carl Friedrich von Weizsäcker hat zu seinen Lebzeiten viele Menschen sehr beeindruckt, und selbst die bekannte Publizistin Marion Gräfin von Dönhoff, die Herausgeberin der ZEIT, meinte einmal, bei seinem Wissen könne kein normaler Mensch mithalten: »In zwei Disziplinen ist er gleichermaßen zu Hause, denn er hat nach einem vollen Physikstudium ein zweites volles Studium der Philosophie absolviert, und überdies ist ihm der religiöse Bereich von fernöstlicher Lebensweisheit bis zur christlichen Lehre sehr vertraut«, wie die Gräfin voller Bewunderung feststellte. Sie erwähnte dabei nicht einmal das Etikett, das der als Universalgelehrte eingeschätzte Physiker und Philosoph zuletzt angehängt bekommen hat, den eines Friedensforschers nämlich. In dieser Tätigkeit werden ihn die meisten Zeitgenossen in Erinnerung haben, vor allem diejenigen, die sich eher schwer mit der Physik tun, zu der von Weizsäcker beigetragen hat. Sie halten sich nur kurz bei den Atomen auf und wenden sich lieber den Kernwaffen zu, bei deren Verhütung sie von Weizsäcker voll engagiert sehen, etwa im Jahre 1957, als er die berühmte »Göttinger Erklärung« initiierte, in der sich 18 Atomphysiker gegen eine Aufrüstung der Bundeswehr mit Kernwaffen aussprachen. Und fünf Jahre später wandte sich von Weizsäcker in einem »Tübinger Memorandum« direkt gegen den damaligen Verteidigungsminister Franz Josef Strauß, der immer noch von atomaren Waffensystemen träumte.

In der Folge wurde von Weizsäcker 1963 mit dem Friedenspreis des Deutschen Buchhandels ausgezeichnet, und ab 1970 erforschte er an einem Max-Planck-Institut die Lebensbedingungen der wissenschaftlich-technischen Welt, für die er eine »Weltinnenpolitk« konzipieren wollte, um nicht nur die Gefahr eines Atomkriegs bannen, sondern auch der drohenden Umweltzerstörung und dem wachsenden Nord-Süd-Konflikt etwas entgegenstellen zu können.

Schon diese knappe Skizze lässt die ungeheure Weite des Lebens von Carl Friedrich von Weizsäcker erkennen, der 1912 als Sohn des 1949 in Nürnberg wegen Verbrechen gegen die Menschlichkeit verurteilten Staatssekretärs im Auswärtigen Amt, Ernst von Weizsäcker, geboren wurde, und dessen Bruder Richard (1920–2015) zehn Jahre lang (1984–1994) Bundespräsident der Bundesrepublik Deutschland war.

Selbst solche umfassenden politischen Dimensionen verblassen aber gegenüber den wissenschaftlichen Umwälzungen, die Carl Friedrich von Weizsäcker erleben und mitgestalten konnte und die ein völlig neues Weltbild der Physik entstehen ließen. Niemand hat das so überzeugend beschrieben wie er selber, und zwar unter diesem bis heute verfügbaren und lesenswerten Titel bereits im Jahre 1943, also in jungen Jahren und mitten in schweren Zeiten des Krieges. *Zum Weltbild der Physik* reflektiert sprachlich elegant und philosophisch überzeugend den dramatischen Wandel, der von der klassischen Form der Wissenschaft mit deterministischen Gesetzen hin zu ihrer Version mit Quantensprüngen und den dazugehörenden Wahrscheinlichkeiten geführt hat, die in der Mitte der 1920er-Jahre vorgelegt werden konnte (was nicht zuletzt dem 1901 geborenen Werner Heisenberg zu verdanken war). Das gewählte Anfangszitat stammt aus diesem Werk.

Während heute oft von der »Gnade der späten Geburt« die Rede ist, musste von Weizsäcker unter dem »Fluch der späten Geburt« leiden, denn die neue Physik ist von Wissenschaftlern gemacht worden, die entweder noch im 19. Jahrhundert oder spätestens 1902 geboren waren. Von Weizsäcker war gerade einmal 15 Jahre alt, als sein künftiger Lehrer Heisenberg ihn mit der Nachricht überraschte, er habe den Philosophen Immanuel Kant widerlegt und Vorgänge entdeckt, die ohne Kausalität ablaufen. Heisenberg erzählte dem Jungen etwas von einer Unbestimmtheit auf der atomaren Ebene. Voller Enthusiasmus begriff der 15-Jährige, dass die neue Physik und das dazugehörige Weltbild große Auswirkungen auf das Philosophieren im 20. Jahrhundert haben würden.

Das mit den Quantensprüngen mögliche Verständnis der Atome und ihrer Stabilität konnte in den 1930er-Jahren für die Atomkerne erweitert und auf sie angewandt werden und half, ihren Zusammenhalt und ihre Umwandlung zu verstehen. Hierzu lieferte von Weizsäcker seine wichtigsten physikalischen Beiträge, die er 1937 in einem Buch über *Die Atomkerne* zusammenfasste. Ein Jahr später wurde alles anders, als sich eine bislang unpolitisch betriebene Wissenschaft in ein Instrument der Kriegsführung verwandelte, und sie tat dies in äußerst unruhigen Zeiten, die bald in den Zweiten Weltkrieg münden sollten.

Der entscheidende wissenschaftliche Fortschritt bestand in der Entdeckung der Kernspaltung, die Otto Hahn und anderen in einem Berliner Institut gelungen war, an dem Carl Friedrich von Weizsäcker als Assistent angestellt war. Wenn es auch noch etwas dauern sollte, bis wissenschaftlich genau verstanden war, was Hahn da mit dem Element Uran beobachtet hatte, so konnte niemand in Berlin übersehen, dass die damit gelungene »Freisetzung der Kernenergie« und deren »Verwendung als Waffe« zu Bomben führen kann, »die allen bisherigen weit überlegen sein würde. Hahn erschrak zutiefst über die Gefahr, dass Hitler solche Waffen in die Hand bekäme«, wie der 26-jährige von Weizsäcker damals geschrieben hat. Von dem Chemiker Hahn begab er sich zu dem Philosophen Georg Picht, um mit ihm die neue Lage zu verstehen. Er fasst sie 1938 so zusammen:

»1. Wenn Atomwaffen möglich sind, wird es jemanden auf der Erde geben, der sie baut. 2. Wenn Atomwaffen gebaut sind, wird es jemanden auf der Erde geben, der sie kriegerisch einsetzt. 3. Also wird die Menschheit wohl nur die moderne Technik überleben können, wenn es gelingt, die Institution des Krieges zu überwinden.«

Daran arbeiten die Menschen immer noch.

»Wissenschaft ist wie Sex.
Manchmal kommt etwas
Sinnvolles dabei heraus.
Dies ist aber nicht der Grund,
warum wir es tun.«

RICHARD P. FEYNMAN
(1918–1988)

Richard Feynman ist nie bescheiden aufgetreten, und er hat es für selbstverständlich gehalten, dass es andere Professoren waren, die sich die Mühe mit dem Aufschreiben machten, als er in den frühen 1960er-Jahren am California Institute of Technology in Pasadena seine längst legendären »Feynman Lectures of Physics« anbot, die seit über 50 Jahren publiziert vorliegen und lesenswert geblieben sind. Allerdings blieben die Studenten den Vorlesungen nach und nach fern, was Feynman deshalb nicht bemerkte, weil Mitglieder des Lehrkörpers ihre Plätze einnahmen. Was Feynman über Physik vortrug, überforderte in seiner Eleganz und Geschmeidigkeit die Anfänger, erfreute deshalb aber umso mehr die Fortgeschrittenen, die ihm dann auch halfen, daraus die drei Bücher zu machen, die auch Jahrzehnte nach ihrem Erscheinen nichts von ihrer Originalität und Qualität verloren haben. Inzwischen werden Feynmans Vorlesungen fast wie Bibelverse zitiert, etwa dann, wenn man auf das verweisen will, was in Buch I, Kapitel 37 zu finden ist. Darin geht es um die fundamentale Natur der Quanten, die sich zwar im Rahmen einer Quantenmechanik mathematisch als zugänglich erweist, sich aber dem Verstehen ohne Zahlen entzieht. Feynman schreibt dazu, was von vielen Kollegen immer wieder zustimmend zitiert wird:

»Es war immer schwierig, die Sicht der Dinge zu verstehen, die sich in der Quantenmechanik zeigt. Wenigstens für mich, denn ich bin gerade so alt, dass ich den Punkt noch nicht erreicht habe, an dem für mich alles offensichtlich ist. Ich werde immer nervös dabei. Ihr wisst doch, wie das ist, jede neue Idee braucht eine Generation oder zwei, bevor es offenbar wird, dass eigentlich gar kein Problem vorliegt. Ich kann das eigentliche Problem nicht definieren, also vermute ich, dass es so ein Problem nicht gibt. Doch ich bin nicht sicher, dass es kein wirkliches Problem gibt.«

Als die *Feynman Lectures of Physics* erschienen – in drei leuchtend roten Bänden mit außergewöhnlichem Format –, bekam ihr Star dazu passend den Nobelpreis für Physik zugesprochen, und zwar für seine Beiträge zu einer Theorie, die als Quantenelektrodynamik (QED) bekannt und eine Erweiterung der Quantentheorie aus den frühen Jahrzehnten des 20. Jahrhunderts ist, um die sich Feynman in seinen Vorlesungen bemüht hat. Während diese Quantenmechanik unter anderem erlaubt, die Stabilität von Atomen zu verstehen, erfasst die QED das Wechselspiel von Licht und Materie, und sie liefert Voraussagen, die derart genau mit experimentellen Daten übereinstimmen, dass man nur staunen kann.

Feynman entwickelte für seine Beschreibung eine neuartige Sprache für die Physik, die mit Propagatoren und Wege-Integralen (»Path integrals«) arbeitet und die man anschaulich in Form von Diagrammen darstellen kann, die heute seinen Namen tragen. Die Feynman-Diagramme haben seiner Wissenschaft die beste Theorie beschert, über die Menschen verfügen, wenn sie sich der Materie und ihrem Zusammenspiel mit dem Licht zuwenden, und Feynmans Ruhm ist dadurch unter Kollegen stetig angestiegen.

Bevor der aus New York stammende Feynman nach Kalifornien gekommen war, hatte er seine Dienste der Cornell Universität im Staate New York und davor dem amerikanischen Atombombenprojekt in Los Alamos (Neu Mexiko) zur Verfügung gestellt. 1943 war der 25-jährige Feynman in die Wüstenstadt gekommen, wo ihm der Leiter des Manhattan-Projekts, der Physiker Robert J. Oppenheimer, die schwierige und verantwortungsvolle Aufgabe übertrug, die Reichweite einer Atombombe zu berechnen, was damals noch ohne Hilfe von Computern geschehen musste.

Seine Zeit in Los Alamos hat Feynman auch dazu genutzt, den »Safecracker« zu spielen. Er schockierte seine Kollegen damit, als absolut geheim eingestufte Dokumente mühelos aus ihren mit codierten Zahlenschlössern versehenen, angeblich todsicheren Depots herauszuholen, um zu demonstrieren, wie leicht sie zu knacken waren. Seine Erzählungen dazu sind auf einer CD mit dem Titel »Safecracker Suite« festgehalten. Darauf ist auch sein Spiel von Bongo-Trommeln zu hören, das Feynman meisterhaft beherrschte. Seinen Physik-Vorlesungen ist ein Bild beigefügt, das den unkonventionellen Gelehrten grinsend beim Schlagen der Trommeln zeigt.

So fröhlich das klingt, aber in Los Alamos muss Feynman auch zusehen, wie seine Frau Arlene an Tuberkulose stirbt. Er stürzt sich wild in seine Arbeit, hat aber mit diesem Verlust sein Leben lang zu kämpfen und braucht lange, um die Frau zu finden, mit der er sich wohlfühlt. Als man ihr eines Tages sagt, ihr Mann sei der klügste Mensch auf der Welt, antwortet sie: »Hoffentlich nicht, das würde die Welt nicht aushalten.«

Seine Kollegen ließen sich von diesem Rat jedoch nicht beeinflussen und suchten nach Weisheiten ihres Gurus Feynman, wo immer sie welche vermuteten.

1959 hat er Ingenieure in einer Vorlesung dazu aufgefordert, immer kleinere Gerätschaften zu konstruieren. »There is plenty of room at the bottom«, hat er ihnen zugerufen, wobei Feynman zunächst nur an elektrische Maschinchen dachte, die kleiner als ein Prozent eines amerikanischen Zolls (»inch«) sind. Es dauerte kaum ein Jahr, bis ein solcher Apparat gebaut war, und heute deuten viele Freunde Feynmans seine Idee so, als ob er ihnen die Tür zur Nanotechnologie zeigen wollte, durch die man dann in den kommenden Jahren marschierte.

Am Ende seines Lebens hat es Feynman sogar geschafft, seinen Ruhm über den Rand der Wissenschaft hinaus in die Gesellschaft zu tragen. 1986 lebte er – nach einer Krebsdiagnose – auf geborgter Zeit, wie er sagte. Trotzdem stimmte er zu, bei der Suche nach der Ursache der Challenger-Katastrophe zu helfen. Feynman schloss sich dem dazugehörigen Untersuchungsausschuss an, und es gelang ihm auch, den Finger in die technische Wunde zu legen. Deren Betrachtung gab ihm Anlass zu einer allgemeinen Aussage: »Eine erfolgreiche Technik setzt voraus, dass der Sinn für die Wirklichkeit vor Werbung kommt, denn die Natur lässt sich nicht betrügen.« Oder im amerikanischen Original: »For a successful technology, reality must take precedence over public relations, for Nature cannot be fooled.«

ERKENNTNISSE AUS MATHEMATIK UND INFORMATIK

»Wie der Blitz einschlägt, hat sich das Räthsel gelöst; ich selbst wäre nicht im Stande, den leitenden Faden zwischen dem, was ich vorher wußte, dem, womit ich die letzten Versuche gemacht hatte – und dem, wodurch es gelang, nachzuweisen …«

CARL FRIEDRICH GAUSS
(1777–1855)

Carl Friedrich Gauß hat schon in ganz jungen Jahren gezeigt, wie kreativ er auf dem Feld der Mathematik sein kann, das vielen aus dem Schulunterricht leider in eher schlechter Erinnerung geblieben ist. Gauß hatte während seiner Braunschweiger Kindheit einen guten Lehrer, der die Begabung des kleinen C. F. gleich erkannte, wobei Gauß selbst diese Abkürzung seines Vornamens schätzte und nutzte. Berühmt und unvermeidlich ist die Anekdote, die davon erzählt, dass der Mathematiklehrer seinen Schülern als eine Art Strafarbeit die Aufgabe stellte, die Zahlen von 1 bis 100 zu addieren. Während die Klassenkameraden Schritt nach Schritt vollzogen und langsam 1 + 2 + 3 + 4 + 5 und so weiter rechneten, saß der Knabe Gauß nur da und dachte nach. Er schien zu wissen, dass Mathematik darin besteht, Rechnen zu vermeiden, und bei seinem Nachdenken fiel ihm auf, dass von den 100 Zahlen die erste und letzte, die zweite und vorletzte, die dritte und drittletzte (und so weiter) zusammengerechnet jeweils 101 ergeben. Wenn man dies 50 Mal macht, sind alle Zahlen zwischen 1 und 100 erfasst. Ohne viel zu rechnen, wusste Gauß nun, dass die gesuchte Summe also 50 mal 101 sein musste, also 5050, und er schrieb nur diese eine Zahl auf seine Tafel.

Seine erste geometrische Entdeckung machte Gauß ebenfalls noch fast in Kindertagen. Am 30. März 1796 fiel ihm die Lösung eines Problems ein, das trotz großer Anstrengungen seit der Antike ungelöst geblieben war. An dem genannten Tag konnte Gauß zeigen, wie sich ein regelmäßiges Siebzehneck (!) allein mit Zirkel und Lineal konstruieren lässt, und als Zugabe erläuterte Gauß sogar, wie sämtliche Vielecke auf diese Weise konstruiert werden können.

Als der große Mathematiker 1855 starb, hatte er der Welt rund 50 grundlegende mathematische Verfahren und Theoreme geschenkt. Er hatte die Gaußsche Zahlenebene eingeführt, auf der es neben den gewohnten – in der Fachwelt als reell bezeichneten – Zahlen auch solche gibt, die als imaginär gelten und so bezeichnet werden, wobei anzumerken ist, dass viele Menschen diese Zahlen in den Jahrhunderten vor Gauß als Teufelswerk ansahen.

Im Laufe seines Lebens hat Gauß zudem das Gaußsche Fehlerintegral, das Prinzip des kleinsten Zwangs und ein Verschlüsselungsprinzip eingeführt, das bis heute benutzt wird, um persönliche Daten zu verbergen, wenn man online Geld überweisen möchte. Und das alles wird überragt von dem, was die Mathematiker als »Gaußsche Normalverteilung« kennen und als Glockenkurve auf dem letzten Zehnmarkschein zu sehen war, bevor der Euro eingeführt wurde. Die Normalverteilung erlaubt es in allen Lebensbereichen und bei allen Prozessen, die sich statistisch erfassen lassen, die Abweichungen von einem Normal- oder Durchschnittswert zu berechnen. Die Glockenkurve gibt Auskunft über Dosis-Wirkung-Kurven von Medikamenten, über die Verteilung der Intelligenz in einer Bevölkerung und ihre Sterbewahrscheinlichkeit. Gauß war daran ganz persönlich interessiert, wollte er doch wissen, ob die finanziellen Mittel des Staates ausreichen würden, seiner Frau nach seinem Tod eine Pension zu zahlen.

Übrigens wurde Gauß nach seinem Tod das Gehirn entnommen und im Göttinger Institut für Physiologie aufbewahrt, wo es rund 100 Jahre unbeachtet blieb. Als ein Neubau anstand, fand man auch das Glasgefäß mit der Aufschrift »Gehirn eines Mannes v. 78 Jahren. C. F. Gauss, gest. 1855, wog frisch mit den

Häuten 1492 gr. ohne Häute 1415 gr., am 15. Mai 1856 wiedergewogen 1016 gr.«

So vergeht der Ruhm der Welt und des Geistes, wobei man gerne wissen würde, ob sich in der Anatomie des großen Gehirns Spuren von der besonderen Begabung und der ungewöhnlichen Vielfältigkeit erkennen lassen, die seinen Träger auszeichneten. Wer auf das Leben von Gauß blickt, kann nur staunen, mit wie vielen Themen er sich beschäftigt hat. Es ging um Zahlentheorie ebenso wie um die Wahrscheinlichkeitsrechnung; er engagierte sich für die Landvermessung und Geodäsie ebenso wie für die Planetenbahnen und die Astronomie, und er trug zum Verständnis der Optik und zur Entwicklung der Telegrafie ebenso bei wie zu den Kenntnissen über die allgemeinen Grundgesetze der Physik. Bei alledem zeigte er sich als bescheidener und zurückgezogener Mensch, der auf eine Gehaltserhöhung verzichtete – trotz der fünf Kinder, die er zu versorgen hatte –, wenn man ihn dafür von der Pflicht entbinden würde, Vorlesungen zu halten, was er höchst ungern tat.

Als Gauß zusammen mit dem Physiker Wilhelm Weber von der Sternwarte Göttingen aus ein erstes Fernschreiben losschickte und damit die Geburtsstunde der elektromagnetischen Telegrafie feiern konnte, schlug Gauß als zu sendende Botschaft die Mahnung vor: »Wissen vor Meinen, Sein vor Scheinen.«

Gauß leidet im Alter körperlich, ohne aber mit seinen geistigen Bemühungen aufzuhören. Er lernt gegen Ende seines Lebens noch Russisch, um die Beiträge, die der Mathematiker Nicolai Lobatschewsky zur Geometrie liefert, im Original lesen zu können. Gauß hatte sich schon früh gefragt, ob die geometrische Beschreibung, die man seit der Antike vornimmt und mit dem Namen Euklid verbindet, der Wirklichkeit angemessen ist. In seiner Geometrie – wörtlich übersetzt »Weltvermessung« – beträgt die Winkelsumme in einem Dreieck genau 180°. Der Russe Lobatschewsky hatte nun eine gekrümmte Geometrie des Raumes vorgeschlagen, und Gauß wollte wissen, wie man in solch gekrümmten Räumen rechnen kann. Er hielt nicht viel von der philosophischen Dogmatik eines Immanuel Kant, der in seiner *Kritik der reinen Vernunft* die euklidische Geometrie als etwas betrachtete, an dem Erfahrungen nichts ändern können. Gauß fand so etwas wenig hilfreich und zeigte, wie das mathematische Denken weiter reicht und dabei der Wirklichkeit näher kommt als das philosophische Wünschen.

»Ein alter französischer Mathematiker hat gesagt: Eine mathematische Theorie ist nicht eher als vollkommen anzusehen, als bis du sie so klar gemacht hast, dass du sie dem ersten Mann erklären könntest, den du auf der Straße triffst.«

DAVID HILBERT
(1862–1943)

David Hilbert stammt aus Königsberg, und er wirkte als der große Mathematiker, den die meisten Zeitgenossen in ihm sahen und der nicht zuletzt die »Grundlagen der Geometrie« erneuerte, vor allem in der Universitätsstadt Göttingen. Hilbert reiste von dort nach Paris, um hier zur Jahrhundertwende auf einem Kongress die Zukunftsfragen seines Fachs zu formulieren, und als er dies unternahm, hörte ihm die ganze wissenschaftliche Welt aufmerksam zu und versuchte, für die 23 Probleme, die Hilbert im Jahre 1900 stellte, Lösungen zu liefern.

Gegen Ende seines Lebens wurden die Dinge leider schlechter. Erst starben die Kollegen, mit denen er sein Leben lang kooperiert hatte; dann wurde seine zentrale Hoffnung auf die vollständige Entscheidbarkeit aller mathematischen Fragen entkräftet, wie gleich geschildert wird, und zuletzt ruinierten die Nationalsozialisten den geistigen Ort, den Hilbert durch seine Lebensarbeit aufgebaut hatte. Als Hilbert 1943 starb, gab es »keine Mathematik mehr« in Göttingen, was viele Jahrzehnte nachwirkte. Und als Hilberts Frau Hilde ihm zwei Jahre später folgte, lag Hilberts Geburtsort Königsberg in Schutt und Asche.

Neben dieser Stadt spielte Göttingen eine große Rolle in Hilberts Leben. 1895 wurde er an die Wirkungsstätte von Carl Friedrich Gauß berufen, und hier konzentrierten sich seine Anstrengungen zuerst auf die Theorie der Zahlen, die er als das schönste Gebiet der Mathematik empfand. Im Jahre 1900 hatte Hilbert seinen bereits erwähnten internationalen Auftritt, als er seinen

Kollegen die letzten »Mathematischen Probleme« zu lösen gab. Manchmal werden Mathematiker danach bewertet und eingeteilt, ob sie eines der Probleme von Hilbert lösen konnten oder bearbeitet haben. Der Königsberger Preuße begann seine Ausführungen in Paris mit einem Bekenntnis:

»Wer von uns würde nicht gern den Schleier lüften, unter dem die Zukunft verborgen liegt, um einen Blick zu werfen auf die bevorstehenden Fortschritte unserer Wissenschaft und in die Geheimnisse ihrer Entwicklung während der künftigen Jahrhunderte! Welche besonderen Ziele werden es sein, denen die führenden mathematischen Geister der kommenden Geschlechter nachstreben? Welche neuen Methoden und neuen Tatsachen werden die neuen Jahrhunderte entdecken – auf dem weiten und reichen Feld des mathematischen Denkens?«

Hilberts historische Ausführungen bekommen ihre Bedeutung und Lebendigkeit durch eine feste Grundhaltung, nämlich durch seine »Überzeugung von der Lösbarkeit eines jeden mathematischen Problems«. Hier steckt der Ansporn zu seiner Arbeit, denn »wir hören in uns den steten Zuruf: Da ist das Problem, suche die Lösung. Du kannst sie durch reines Denken finden, denn in der Mathematik gibt es kein Ignorabimus«, wie er vielfach betonte.

Einige der Hilbertschen Probleme lassen sich trotz ihrer mathematischen Relevanz gut verstehen oder wenigstens einfach formulieren. So lautet zum Beispiel das sechste Problem: »Wie kann die Physik axiomatisiert werden?« – wobei es darauf bislang keine Antwort gibt. Und das zweite Problem lautet: »Sind die arithmetischen Axiome widerspruchsfrei?« – wobei sich zu Hilberts großer Enttäuschung diese Frage nicht beantworten ließ und lässt, wie gleich noch genauer erläutert wird.

Es gibt aber auch Probleme, die einem Laien nur mit viel Mühe zu vermitteln sind – etwa die vierte Frage, durch die Hilbert wissen will: »Wie lassen sich Metriken charakterisieren, in denen alle Geraden Geodäten sind?«

Zu den spannendsten Zukunftsaufgaben zählt die erste, in der Hilbert auf das eingeht, was als »Cantors Problem der Mächtigkeit des Kontinuums« bekannt ist. Der Mathematiker Georg Cantor hatte sich und seine Kollegen gefragt, ob und wie man die Menge der natürlichen mit der der reellen Zahlen vergleichen kann. Die natürlichen Zahlen lauten 1, 2, 3 und immer so weiter. Und die reellen Zahlen umfassten neben diesen auch noch Brüche und alles, was sich mit einem Komma schreiben ließ, also zum Beispiel 5,2794. Offenbar gibt es sowohl unendlich viele natürliche als auch unendlich viele reelle Zahlen. Aber sieht es nicht so aus, als ob die zweite Unendlichkeit größer ist als die erste? Und kann man solche Mächtigkeiten überhaupt vergleichen? Und wenn ja, wie müsste man dabei vorgehen?

Das Vertrackte mit der Unendlichkeit zeigt sich an einer Konstruktion, die als »Hilberts Hotel« bekannt geworden ist. In ihm gibt es unendlich viele Zimmer, was merkwürdigerweise bedeutet, dass es nicht voll ist, selbst wenn es voll ist. Wenn nämlich neue Reisende kommen, braucht jeder bereits anwesende Gast nur ein Zimmer weiterzuziehen, wodurch das erste Zimmer frei wird und Platz bietet. Das geht natürlich nicht, wenn es nur endlich viele Zimmer gibt.

Hilbert wollte den Unterschied im Unendlichen kennen, und er war sicher, man würde ihn eines Tages finden. Er konnte damals nicht ahnen, dass sich nicht alles in der Mathematik beweisen lässt, dass man auch im Reich der Zahlen und Figuren nicht alles entscheiden kann. Der aus Wien stammende Kurt Gödel wies 1931 die Existenz von formal unentscheidbaren Sätzen nach, was sich so sagen lässt: In jedem mathematischen Rahmen lassen sich Sätze formulieren, die unter dieser Vorgabe nicht zu beweisen sind. Ein Beispiel für eine solche Aussage hatte sich aus »Cantors Problem der Mächtigkeit des Kontinuums« ergeben. Cantor konnte zeigen, dass es mindestens zwei unterschiedliche Unendlichkeiten gab – die abzählbare der natürlichen und die überabzählbare (nicht abzählbare) der reellen Zahlen. Was sofort zu der nächsten Frage führte, nämlich der, ob es nicht weitere Unendlichkeiten gibt – und vielleicht sogar unendlich viele von ihnen? Wie viele Mathematiker in den folgenden Jahren zeigen konnten, kann man diese Frage nicht beantworten. Hilberts erstes Problem erwies sich somit als unentscheidbar, und folglich musste er zugeben, dass es auch in der Mathematik einen Ignorabimus gibt. Man kann nicht alles wissen. Hilberts Traum blieb und bleibt unerfüllbar.

»Eine Zivilisation schreitet durch die Zahl der wichtigen Operationen voran, die wir ausführen können, ohne darüber nachdenken zu müssen.«

NORBERT WIENER
(1894–1964)

Norbert Wiener war ein Mathematiker, und entsprechend heißt seine Autobiografie *Mathematik – Mein Leben*, wobei er dem englischen Original noch den Hinweis beigegeben hat, dass der Autor sein Leben als Wunderkind begonnen hat (*I am a Mathematician: The Later Life of a Prodigy*). Er wurde zu Hause von seinem Vater erzogen, einem aus Polen in die USA eingewanderten Professor für Slawische Sprachen an der Harvard Universität, der die Tochter eines rheinischen Warenhausbesitzers geheiratet hatte. Nach der Privatschulung konnte Wiener als 15-Jähriger an die Universität gehen und hier seine Doktorarbeit in einem Alter anfertigen, in dem die meisten Menschen gerade einmal das Abitur schaffen. Dabei hatte er neben seinem eigentlichen Fach – und dem Erlernen vieler Sprachen – noch das Studium sowohl der Zoologie als auch der Philosophie absolviert. Offenbar hatte er es von Anfang an darauf angelegt, Brücken zwischen den verschiedenen Disziplinen zu bauen, um auf diese Weise besser zu verstehen, wie die Dinge und Abläufe in der Welt geregelt und gesteuert werden.

Die »Regelung und Nachrichtenübertragung in Lebewesen und Maschine« wurde dann auch zu dem großen Lebensthema von Wiener, der mit seinen Bemühungen dabei einer neuen Wissenschaft den Boden bereitete, für die er nach dem griechischen Wort für Steuermann den Namen »Kybernetik« vorschlug.

Kybernetik – so lautete auch der Titel seines zum ersten Mal 1948 erschienenen Buches. Darin wimmelt es zwar von mathematischen Formeln (ohne dass sich in den Nachkriegsjahren Käufer davon abschrecken ließen), doch werden darin auch Konzepte entwickelt, die in den Jahren danach weite Verbreitung fanden und den Eindruck entstehen ließen, hier sei wahrlich eine zweite industrielle Revolution in Gang gekommen. Gemeint ist unter anderem ein so grundlegendes Konzept wie die Information – Wiener macht sich in einem Kapitel Gedanken über den Zusammenhang von »Information, Sprache und Gesellschaft«. Gemeint sind aber auch Konzepte wie Rückkopplung (heute häufiger mit dem englischen Wort »Feedback« ausgedrückt) und Black Box, wobei der undurchsichtige Kasten durch die Analyse dessen, was hineingeht, und dessen, was herauskommt, zu verstehen ist, also dessen, was man heute lässig und locker als »Input« und »Output« kennt.

Viele Verhaltensforscher haben im Anschluss an die Vorarbeiten von Wiener begonnen, die Reaktionen von Lebewesen – zum Beispiel von Fliegen – als Output der Signale oder Reize zu verstehen, die als Input über die Wahrnehmungsorgane in die Organismen gelangt waren. Vor allem die Idee eines Feedbacks fand gehörigen Zuspruch. Bald wurde nicht nur die Zielführung eines Torpedos, der die Präzision seiner Flugstrecke dadurch steuert, dass er dem Antriebssystem Rückmeldungen über die Position gibt, durch Wieners kybernetische Idee verstanden, sondern auch der Vorgang des Schreibens: Mit den Augen beobachtet man, was man zu Papier bringt, um bei Feststellung eines Fehlers eine Rückmeldung an das Gehirn zu senden, das daraufhin mit Korrekturen beginnt.

Die Kybernetik schien in den Jahrzehnten nach dem Zweiten Weltkrieg einen unaufhaltsamen Siegeszug anzutreten. Das zeigte sich unter anderem an Gründungen von Max-Planck-Instituten für Biologische Kybernetik, in denen zum Beispiel untersucht wurde, wie eine Fliege hinter einer anderen herfliegt. Dabei wurde das winzige Wesen selbst als Black Box verstanden, in die optische Signale hineingehen und aus der Änderungen der Bewegung herauskommen.

Heute ist es etwas ruhiger geworden um die Kybernetik, was damit zu tun haben mag, dass die »Nachrichtenübertragung in der Maschine«, die Wiener 1948 ins Auge fasste, heute zum einen längst in das gesellschaftliche Denken eingeflossen ist und zum anderen Größenordnungen erreicht hat, von denen selbst Wiener überrascht wäre. Dabei hat er sich schon zeitig Gedanken zu der Frage gemacht, was bei den technischen Entwicklungen, die er mit eingeleitet hat, aus dem Menschen wird, von dem sie ausgehen. Wird der Mensch künftig Mensch bleiben oder eine Menschmaschine werden? So fragte Wiener in seiner Analyse von *Kybernetik und Gesellschaft*, deren amerikanisches Original 1952 erschienen ist und den Titel *The Human Use of Human Beings* trägt. Es geht also um den Umgang mit Menschen in einem Zeitalter, in dem die Maschinen immer mehr die Macht übernehmen.

Aktualität hat dieses Thema erst recht in der heutigen Zeit, in der selbstfahrende Autos in der Entwicklung sind, immer mehr medizinische Diagnosen Geräten mit zunehmend raffinierter Software anvertraut werden und sich Menschen mehr durch Maschinen – etwa durch iPhones – als durch andere Menschen informieren lassen.

Schon in den 1950er-Jahren wollte Wiener wissen, was in Zukunft von dem bleibt, was bislang ausschließlich Domäne des Menschen war. Zu ihnen gehörte zum Beispiel das Entscheiden über Investitionen, was inzwischen immer mehr Computern überlassen wird – wobei der Hinweis plausibel ist, dass eine komplexe Welt voller Nicht-Linearitäten steckt, die das menschliche Gehirn überfordern. Wiener war einer der Pioniere, die sich um solche »Nonlinear Problems« gekümmert haben. Seine Rechenmaschinen richtete er so ein, dass sie mit solchen Problemen besser zurechtkamen als er selbst und seine Kollegen.

Jedes Porträt von Wiener muss ihn als Prototyp des zerstreuten Professors vorstellen. Von den vielen Anekdoten über seine Vergesslichkeit soll eine erzählt werden, die in der Zeit spielt, als er schon ein berühmter Professor am berühmten Massachusetts Institute of Technology war: Wieners Familie will umziehen, und zwar eine Straße weiter. Seine Frau und die beiden Töchter nehmen ihm sämtliche alten Schlüssel ab und geben ihm neue. Als Wiener abends heimkommt, geht er natürlich zum alten Haus und stochert vergebens in der Tür herum. Nachdem seine Bemühungen erfolglos geblieben sind, irrt er durch die Straßen, als ihm zwei Kinder begegnen. Er fragt sie vorsichtig, ob sie wüssten, wo der Professor Wiener wohnt. »Aber ja doch, Papa«, antworten die beiden und nehmen ihn mit nach Hause.

»Man dürfte einen Computer intelligent nennen, sofern er einen Menschen dazu bringt, in ihm einen Menschen zu sehen.«

ALAN TURING
(1912–1954)

Alan Turing war ein englischer Mathematiker, dessen Name in das kollektive Bewusstsein des Abendlandes eingedrungen ist und einen Status erreicht hat, der unabhängig von der Person ist. Die Gesellschaft, die zum einen sein Genie inzwischen bewundert, weil sie das Konzept der Turing-Maschine mit ihren algorithmischen Qualitäten verinnerlicht hat und mit deren Hilfe Fragen der Berechenbarkeit und Lösbarkeit diskutiert, und die zum anderen sogar verstanden hat, dass sie ohne Turings Rechenmaschinen den Zweiten Weltkrieg höchstwahrscheinlich verloren hätte – diese Gesellschaft hat Turing zu seinen Lebzeiten wegen seiner Homosexualität erst erniedrigend behandelt und dann in den frühen Tod getrieben. Turing war nur wenig mehr als 40 Jahre alt, als er sich am 7. Juni 1954 mit einer tödlichen Dosis Kaliumzyanid umbrachte. Er hatte das Gift einem Apfel injiziert, um ihn anschließend im Bett liegend zu essen.

Turing wurde in London geboren und ging in Sherborne zur Schule, wo er bald durch sein Rechentalent Aufmerksamkeit erregte. Der junge Turing durfte seine Eltern nur sehen, wenn der in Indien als Verwaltungsbeamte tätige Vater zum Heimaturlaub nach England kam. Deshalb wuchs Alan in Internaten auf, wobei auffiel, dass der Knabe bereits mit Zahlen umgehen konnte, als er noch das Lesen lernte. Bald langweilten ihn die mathematischen Schulbücher, da er sich alle Lehrsätze rasch aus den Grundprinzipien ableiten konnte, und auf der Suche nach angemessen anspruchsvollen wissenschaftlichen Texten entdeckte Turing die Schriften von Albert Einstein und *The Nature of the Physical World* von Arthur Eddington.

Ab 1931 besuchte er Vorlesungen über Mathematik am King's College in Cambridge, und vier Jahre später legte er seine Abschlussarbeit vor, die Grenzwertsätze in der Wahrscheinlichkeitsrechnung behandelte. 1936 ging Turing in die USA, und zwar nach Princeton, wo er zwei Jahre später über die Logik von Ordnungszahlen promovierte. In dieser Zeit – 1937 – veröffentlichte Turing auch sein Hauptwerk über berechenbare Zahlen und ihre Anwendung auf das, was in der Fachwelt als Entscheidungsproblem bezeichnet wird.

Es war den Mathematikern von David Hilbert im Jahre 1900 vorgestellt worden, der damals, wie bereits in einem früheren Kapitel erwähnt, insgesamt 23 Probleme formulierte, die sich in seiner Wissenschaft stellten. Turing zerstörte die Hoffnung auf eine vollständige Klärung aller mathematischer Fragen, als er als knapp 25-jähriger Doktorand zu einem sensationellen Ergebnis kam: Er zeigte nämlich, dass es unendlich viele Probleme gibt, die grundsätzlich unlösbar sind! Es gibt – so konnte Turing nachweisen – im Rahmen einer gegebenen Anzahl von Axiomen keine Möglichkeit, alle mathematischen Probleme zu lösen.

In diesem Zusammenhang bemerkte Turing aber darüber hinaus auch etwas Positives, nämlich die Möglichkeit, eine universelle Maschine zu konstruieren – die heutige Turing-Maschine –, die jede andere Maschine ersetzen und jedes berechenbare Problem lösen kann. Mit diesen mathematisch-logischen Entdeckungen legte Turing die Grundlage für das Konzept des elektronischen Gehirns oder der denkenden Maschine, das er nach dem Krieg verwirklichte.

Im Weltkrieg ließ Turing sich vom britischen Geheimdienst anwerben, um in Bletchley Park in Buckinghamshire zu versuchen, die Rätsel zu lösen und Probleme zu klären, die deutsche Chiffriermaschinen namens Enigma bereiteten. Sie operierten mit einem komplizierten Buchstabentausch, der sowohl mechanisch als auch elektrisch durchgeführt wurde. Die Grundlage des Verfahrens war bereits im Ersten Weltkrieg entwickelt worden. Das Chiffrieren ging dabei so einfach wie das Schreibmaschineschreiben vor sich, wenn die Enigma mit all ihren Rotoren, Walzen und Kabelverbindungen erst einmal eingestellt worden war. Wer einen auf diese Weise verschlüsselten Text in Händen hielt, konnte aus ihm rasch wieder Klartext machen, wenn er ebenfalls eine Enigma besaß und sie so konfigurierte wie die bei der Kodierung benutzte Maschine.

Allein aus dem Code auf den verwickelten Buchstabentausch zurückzuschließen, hielt man auf der deutschen Seite für ausgeschlossen, da die Einstellung der Enigmas regelmäßig verändert wurde. Doch Turing konnte mit einer mathematischen Mannschaft nicht nur den Enigma-Code grundsätzlich knacken, sondern auch bald die jeweils gültigen Maschineneinstellungen erraten und errechnen. Die Leistung von Turing und seinem Team hat einige Historiker sagen lassen, es sei zwar übertrieben zu behaupten, Turing habe den Krieg gewonnen, jedoch könne man durchaus behaupten, dass England ohne Turing den Krieg verloren hätte. Kein Wunder, dass dies den militärisch und politisch Verantwortlichen nicht gefiel und Turing in den historischen Darstellungen unter den Tisch fiel.

Nach Kriegsende arbeitete Turing am National Physical Laboratory in Teddington, wo er half, erste Großrechner zu entwickeln. 1948 wechselte er nach Manchester. Hier half er, die Konstruktion eines digitalen Großrechners zu koordinieren, der über die damals weltweit größte Speicherkapazität verfügte. Während er damit beschäftigt war, versuchte er – allerdings ohne Erfolg – Wege zu finden, »intelligente«, also lernfähige Computer herzustellen.

In seinen letzten Lebensjahren begann Turing, sich biologischen Themen zuzuwenden und zum Beispiel zu erkunden, wie bei Pflanzen und Tieren die Gestaltbildung abläuft. Er suchte nach einer Theorie der Morphogenese und glaubte, dass das Wachstum von Organen sich als eine mathematisch bestimmbare Folge von identifizierbaren chemischen Prozessen verstehen und analysieren lässt. Diesen Ansatz konnte er nicht sehr weit verfolgen. 1954 nahm er sich das Leben, nachdem man ihn wegen eines angeblichen homosexuellen Verhaltens angeklagt hatte und eine Hormonbehandlung nur schreckliche Nebenwirkungen nach sich zog. Erst 2013 hat sich England entschuldigt und die Königin ein »Royal Pardon« ausgesprochen.

»Die Gefahr, dass der Computer
so wird wie der Mensch,
ist nicht so groß wie die Gefahr,
dass der Mensch so wird
wie der Computer.«

KONRAD ZUSE
(1910–1995)

Konrad Zuse stammt aus Berlin und ist in Ostpreußen aufgewachsen. Nach dem Abitur 1928 studierte er an der Technischen Hochschule in Charlottenburg Ingenieurswesen und nahm anschließend eine Stelle bei den Henschel Flugzeugwerken in Berlin an. Allerdings kündigte er sie 1935 zum Entsetzen seiner Eltern, denen er eine weitere Überraschung bereitete: Er bat darum, ihr Wohnzimmer nutzen zu dürfen, um eine Rechenmaschine zu bauen, die vollautomatisch funktionierte. Zuse hatte sich in seiner beruflichen Praxis vielfach stupiden Berechnungen gegenübergesehen, und da er nach seinen eigenen Worten dafür »zu faul« war, dachte er über eine Maschine nach, die solche Aufgaben erledigen könnte.

In den Jahren 1936 bis 1938 baute er im elterlichen Wohnzimmer das heute als Z1 berühmte Gerät, das als erste programmgesteuerte Rechenmaschine der Welt bezeichnet werden kann. Sie operierte mit binären Darstellungen, enthielt einen Speicher für Daten aller Art und funktionierte mithilfe eines Lochstreifens, auf dem das Rechenprogramm zu finden war. Finanziert wurde das alles von seiner Schwester, den Eltern, einigen Studenten und einem Fabrikanten von Rechenmaschinen mit Namen Kurt Pannke.

Für die Anfertigung der Z1 hatte Zuse Tausende von Blechen mit der Laubsäge zurechtschneiden müssen, was unzuverlässig und damit unbefriedigend war. In den letzten Jahren vor dem Zweiten Weltkrieg entwarf Zuse daher ein neues Gerät namens Z2, bei dem Telefonrelais eingesetzt wurden. 1941 brachte er die legendäre Z3 heraus, die vollständig aus Relais bestand – 600 davon im Rechenwerk und 1400 in einem Speicher. Die Z3 gilt heute als erster funktionsfähiger und frei programmierbarer Rechner der Welt, der auf dem binären Zahlensystem (in Gleitkommadarstellung) und einer entsprechenden Schaltungstechnik basierte. Zwar wurde eine Erweiterung der Z3 zu einer Z4 in Angriff genommen, aber in den Kriegsjahren wurde das Arbeiten immer schwieriger und zuletzt ganz unmöglich. Eine Z4 wurde gerettet und ab 1950 erfolgreich an der Eidgenössischen Technischen Hochschule in Zürich eingesetzt.

1941 hat Zuse in Berlin die Firma Zuse Apparatebau gegründet, 1946 ein Ingenieurbüro im Allgäu eingerichtet und 1949 die Zuse KG in Neukirchen im Kreis Hünfeld ins Rollen gebracht. Bis 1964 lag die Zuse KG in Konrad Zuses Händen und denen seiner Frau, und das Unternehmen konnte rund 250 Computer im Wert von etwa 100 Millionen DM produzieren. Doch dann – nach mehr als einem Jahrzehnt in der Vorreiterrolle im europäischen Computerbau – musste die Zuse KG einer immer stärker werdenden Konkurrenz Tribut zollen.

Es gehört inzwischen zu den spannenden Fragen an Historiker, wem man die Erfindung des Computers auf die Fahnen schreiben kann. Und so offensichtlich Konrad Zuse ein Kandidat dafür ist, so sehr war er persönlich in Beweisnot, da seine Z3 bei einem Bombenangriff auf Berlin vollständig zerstört worden ist. Erst Anfang der 1960er-Jahre konnte der Beweis geführt werden, dass es bereits 1941 eine funktionsfähige Z3 gegeben hat. Als 1998 die Weltmathematiker-Konferenz in Paderborn tagte und in ihrem Rahmen eine International Conference on the History of Computing stattfand, sprach man Konrad Zuse einen großen Anteil an der Erfindung des Computers zu. Und 1999 wurde ihm posthum der Titel »Fellow« des Computer Museum History Center im kalifornischen Palo Alto verliehen, was die Anerkennung durch die USA und ihre Computerpioniere bedeutete.

Konrad Zuse wurde oft auf die Macht der Computer über die Menschen angesprochen. Eine seiner Auskünfte dazu lautete: »Wenn die Computer zu mächtig werden, dann zieht den Stecker aus der Dose« – wobei die Gegenwart die bedrückende Erfahrung macht, dass dieser Ausweg versperrt ist. Abschalten ist keine Option mehr, was bekanntlich viele soziale und humane Fragen mit sich bringt.

Während in Deutschland die Arbeiten Zuses wenig Beachtung fanden, galt in den USA die Entwicklung schneller Rechner als wesentliche Aufgabe, für die Wissenschaft, Industrie, Militär und Staat eng zusammenwirkten, in einem Fall die Universitäten Harvard und Pennsylvania, die Firma IBM und die Marine. Dort konstruierte der Mathematikprofessor Howard H. Aitken 1944 mit seiner Arbeitsgruppe den »Superrechner Mark I«. Mark I war im Vergleich zu Zuses Geräten riesig – nämlich 16 Meter lang und zweieinhalb Meter hoch. Die Maschine bestand aus 700 000 Einzelteilen, enthielt 800 Kilometer Draht und brauchte trotzdem sechs Sekunden für eine Multiplikation mit zehnstelligen Zahlen und das Doppelte für eine Division, was ihn deutlich langsamer als den Z3 machte.

In den Nachkriegsjahren bemühten sich die Ingenieure vor allem darum, den Arbeitstakt der Computer zu erhöhen. Ein Mitarbeiter von Zuse namens Helmut Schreyer träumte dabei von Millisekunden. Schreyer trieb auch den Einsatz von Elektronenröhren in den Rechenanlagen voran und konzipierte mit Zuse noch 1943 ein Gerät mit 1500 Röhren. Amerikanische Ingenieure steigerten zur gleichen Zeit die Zahl der Röhren um mehr als den Faktor Zehn auf 18 000.

Röhren bestehen aus einem evakuierten Glaskolben, in dem sich mehrere Elektroden befinden, zwischen denen Strom fließen kann. Die Physiker kennen diese Vorrichtung seit dem 19. Jahrhundert und unterscheiden in ihr die Kathode, aus der Elektronen austreten, und die Anode, von der sie aufgenommen werden.

Zu Beginn des 20. Jahrhunderts fiel auf, dass man den Stromfluss steuern konnte, wenn man Gitter zwischen Kathode und Anode anbrachte. Damit standen den Ingenieuren erstmals elektronische Schalt- und Bauelemente zur Verfügung, und mit ihnen wuchs der Mut, größere Rechenanlagen zu bauen. Sie konnten die Reichweite von Flugzeugen berechnen und wagten sich auch an Wettervorhersagen heran. Das digitale Zeitalter konnte beginnen, und Zuse hat dabei geholfen.

ERKENNTNISSE AUS NATURFORSCHUNG UND BIOLOGIE

»Menschliches Wissen und menschliche Macht treffen in einem zusammen; denn bei der Unkenntnis der Ursache versagt sich die Wirkung. Die Natur kann nur beherrscht werden, wenn man ihr gehorcht.«

FRANCIS BACON
(1561–1626)

»Wissen ist Macht.« Es gibt keinen Satz, der kürzer und prägnanter ausdrückt, wie das Erfolgskonzept der westlichen Wissenschaft lautet, und es macht keine Mühe, ihn Francis Bacon zuzuschreiben. Zwar drückt sich der Sohn eines »Lordsiegelbewahrers« genauer aus – nämlich so, wie es in dem Zitat zu finden ist –, aber im Laufe der Zeit hat sich der Gedanke zu der Kurzform verdichtet, die manchen schon wie ein Sprichwort vorkommt. Als Grundlage für Bacons Idee dient die Vorstellung von der Zweiteilung der Welt, die sich im frühen 17. Jahrhundert entwickelt und bis heute zum abendländischen Denken gehört. Da ist auf der einen Seite der Gegenstand, den man betrachten will und den man mit lateinischer Hilfe auch Objekt nennen kann. Und ihm gegenüber steht das Subjekt, dessen lateinische Wurzel verrät, was Bacon sagt. »Subjekt« leitet sich von »subiacere« ab, und das heißt »sich unterwerfen«. Moderne Menschen mögen das Subjekt so hoch schätzen, wie sie wollen. Ursprünglich meint man damit denjenigen, der sich der Natur unterwirft, und Bacon erläutert, warum das Subjekt dabei nur gewinnen kann. Denn wenn ein Mensch – ein Subjekt – die Naturgesetze kennt, kann er sie für sich und sein Wohlergehen nutzen, aber nur, wenn er sie nicht nur kennt, sondern sie auch anerkennt. Und das heißt, er muss sich ihnen fügen und unterwerfen, um sie aus dieser Position heraus zu beherrschen.

Diese wirkungsvolle und erstaunliche Dialektik verdankt die Nachwelt einem Angehörigen des elisabethanischen Adels, der

1603 zum Ritter geschlagen, 1613 zum Ersten Kronanwalt ernannt, 1618 sogar Lordkanzler wurde und sich fortan Baron Verulam nennen durfte. Er hat zahlreiche Schriften verfasst und darin zahlreiche scharfsinnige Überlegungen angestellt. Er hat sich zum Beispiel gefragt, was es bedeutet, wenn man die Wissenschaft dadurch definiert, dass sie die Suche nach Wahrheit unter der erschwerten Bedingung des Experiments ist. Was besagt das Ergebnis einer Messung, wobei die Betonung auf »einer« liegt? Man will doch ein allgemeines Gesetz finden und hat nur ein einziges Resultat. Die Fachwelt spricht dabei vom Problem der induktiven Logik, und sie löst es in dem Sinne, dass sie sagt, die experimentelle Forschung liefert nur hypothetisches Wissen, das durch Messungen falsifiziert werden kann, wobei dieser Gedanke schon bei Bacon zu finden ist.

Übrigens haben Bacons Bemühungen um eine induktive Logik ihm nicht viele Freunde eingebracht. Bertolt Brecht hat sich in seinem Gedicht »Über induktive Liebe« eher lustig darüber gemacht, obwohl er die Verse ausdrücklich F. Bacon widmet, wie es vorweg heißt. Brecht schlägt vor, Versuche auch in die Liebe einzuführen und auf diese Weise herauszufinden, ob man »gerne unter einem Tuche« liegt und was auch immer dabei veranstaltet.

Seine induktive Logik erläutert Bacon in seinem berühmten Buch mit dem Titel *Novum Organum*, in dem das Attribut »neu« erscheint. In vielen Werken taucht im Titel das Neue auf, auch in Bacons zweitem großem Buch, das er *Neu-Atlantis* nannte und nicht ganz fertigstellen konnte, bevor er 1626 starb. Bacons Tod kann kurioserweise als Ergebnis seiner wissenschaftlichen Neugier gedeutet werden. Schließlich starb er bei Versuchen über die Konservierung und Haltbarkeit toter Körper. Er stellte die Hypothese auf, dass Fleisch länger frisch bleibt, wenn es im Schnee liegt, und so stopfte er tote Hühner mit dem kalten Weiß voll und beobachtete deren Verwesung. Beim Einsammeln der Versuchstiere zog sich Bacon die Lungenentzündung zu, die ihn schließlich umbrachte.

Dabei hatte er sich bei seinen wissenschaftlichen Bemühungen eher auf das Gegenteil konzentriert und zu verstehen versucht, was Wärme ist. Er unterschied bei seinen Betrachtungen die Hitze der Sonnenstrahlen vom Brennen der Zunge beim Kosten von scharfen Gewürzen. Er verglich kalte Fische mit warmem Pferdemist, und ihm fiel auf, dass alle Stoffe eine höhere Temperatur annehmen können und also kein besonderes Element dafür verantwortlich gemacht werden kann.

Am Ende allen Datensammelns riskiert er es, eine Hypothese aufzustellen, die äußerst modern klingt und das ganze 19. Jahrhundert beschäftigen wird. Bacon behauptet: »Nicht jede Bewegung ist Wärme, aber jede Wärme ist Bewegung« und fragt sich, wie er diese Hypothese testen und im Experiment überprüfen kann.

Er legt auch den modernen Gedanken vor, dass Wissenschaft nach Kausalitäten Ausschau halten muss, weil alles andere von Übel ist, denn »die Betrachtung natürlicher Prozesse unter dem Aspekt ihrer Zielgerichtetheit ist steril, und wie eine gottgeweihte Jungfrau gebiert sie nichts«. Solche Sätze richten sich zum Beispiel gegen die Physik des Aristoteles, der das Fallen von Gegenständen dadurch erklärte, dass er sagte, sie hätten ihren Ort unten in der Welt und strebten also dorthin. Bacons Ablehnung solcher Deutungen macht philosophisch den Weg frei für die kausale Erklärung des freien Falls, die Isaac Newton 1687 mit seiner Idee einer Schwerkraft vorlegt.

Bacon kann als erster Philosoph vorgestellt werden, der sieht, wie sehr sowohl der Alltag der Menschen als auch ihre Geschichte von Fortschritten der Wissenschaft geprägt sind. Er beschreibt dies am Beispiel des Buchdrucks, des Kompasses und der Artillerie und staunt dabei, »was für einen Wandel haben die drei in die Welt unserer Tage gebracht«. Ihm fällt zu seinem Bedauern auf, dass die Menschen diese Entwicklungen nur mehr oder weniger zufällig zustande gebracht haben, und er will mehr davon hervorbringen. Er träumt davon, eine Bauhütte oder Werkstätte der Wissenschaft zu errichten, und er stellt sich gerne als ihr Leiter vor. Der Kern seiner Idee steckt darin, dass man eine öffentliche Forschung organisieren soll, mit deren Hilfe die Wohlfahrt der Menschen zu sichern und zu vermehren ist. Man kann sagen, dass sein Plan Erfolg hatte und gelungen ist.

»Wer die Freiheit aufgibt,
um Sicherheit zu gewinnen,
wird am Ende beides verlieren.«

BENJAMIN FRANKLIN
(1706–1790)

Bei Benjamin Franklin fallen einem viele Berufsbezeichnungen ein. Der aus Boston stammende Unterzeichner der amerikanischen Unabhängigkeitserklärung war als Schriftsteller, Drucker, Verleger, Naturwissenschaftler, Erfinder und Staatsmann tätig, und er hat sein Leben in großem Umfang der Förderung des Gemeinwesens gewidmet. Berühmt ist Franklin vor allem wegen seiner mutigen Einführung des Blitzableiters, was ihm in Anschluss an viele Experimente gelungen ist, in denen er sich mit dem damals neuen Phänomen der Elektrizität befasste und versuchte, die Natur der elektrischen Ladungen zu erklären. Sein Leben lang beschäftigten ihn wissenschaftliche Fragen, wobei es vor allem deren praktischer Nutzen war, der ihn anzog, ganz nach dem Motto von Francis Bacon »Wissen ist Macht«.

Nachdem Franklin sich in den 1740er-Jahren aus dem Geschäftsleben zurückgezogen hatte, kümmerte er sich immer intensiver um natürliche Phänomene. Er bemerkte bei Versuchen mit einer Glasröhre, die durch Reibung elektrisch aufgeladen war, dass die Gesamtheit der elektrischen Ladungen konstant blieb, was er als Prinzip der »Ladungserhaltung« vorstellte. Im Verlauf weiterer Experimente kam ihm der Gedanke, dass elektrostatische Entladungen mit Blitzen zu vergleichen seien, und ihm fiel auf, dass elektrische Ladungen von Metallspitzen angezogen werden.

Wie der ausführlichen Darstellung von Franklins Leben in der freien Enzyklopädie Wikipedia zu entnehmen ist, teilte er seine Beobachtungen über die atmosphärischen Abläufe bei einem Gewitter dem britischen Geografen John Mitchell mit. Franklin schrieb im April 1749: »Wenn elektrifizierte Wolken über ein Land, hohe Berge, große Bäume, hochaufragende Türme, Kirchtürme, Masten von Schiffen, Schornsteine und so weiter ziehen, dann ziehen diese das elektrische Feuer auf sich und die gesamte Wolke entlädt sich dort.«

Die Idee, Gewitter als elektrostatische Prozesse zu verstehen – und sie nicht etwa als strafenden Donner von Göttern wie Zeus zu deuten –, interessierte Franklin besonders aus praktischen Gründen. Denn wenn seine Hypothese stimmte, dann konnte, wie er dem Londoner Gelehrten Peter Collinson 1750 schrieb, »das elektrische Feuer lautlos aus der Wolke abgeleitet werden«. Franklin schlug ein Experiment vor, um die elektrische Natur der Blitze zu belegen, und zwar das berühmte Steigenlassen eines Drachens, der die in einer Gewitterwolke konzentrierte Elektrizität sammeln und zur Erde ableiten sollte.

Nach Geschichten aus dem Reich der Naturwissenschaften soll sich Franklin höchstpersönlich bei einem Gewitter nach draußen begeben haben, um einen Drachen aufsteigen zu lassen. Unter Historikern bleibt umstritten, ob Franklin selbst den ersten Blitzableiter in dieser Form vorgeführt hat. Unbestritten ist hingegen die Tatsache, dass seine Ideen in Europa großes Aufsehen erregten. Der französische König, Ludwig XV., gab die experimentelle Überprüfung der Hypothese von einer elektrischen Ursache der Blitze bei Gewittern in Auftrag und zeigte sich von dem Ergebnis begeistert. Der schon erwähnte Peter Collinson schrieb in einem Brief an die Londoner Royal Society, der König habe darum gebeten, »Herrn Franklin aus Philadelphia für seine nützlichen Entdeckungen auf dem Gebiet der Elektrizität und der Anwendung der spitzen Stangen zu beglückwünschen, mit denen die fürchterlichen Auswirkungen von Gewittern verhindert werden können«.

Wie dem Schreiben zu entnehmen ist, wohnte Franklin damals in Philadelphia. Er gehörte seit 1748 dem »Philadelphia Common Council« an, was sich als Stadtrat verstehen lässt. Und 1751 ernannte man ihn zum Ratsherrn der Stadt. Er war noch keine 50 Jahre alt und hatte noch fast vier Jahrzehnte vor sich, in denen er sich unter anderem an der Formulierung der amerikanischen Unabhängigkeitserklärung beteiligte. 1776 hielten es die USA nach der Ablösung von England für ratsam, andere europäische Partner im Kampf um die Freiheit an ihrer Seite zu haben. Eine Delegation unter der Leitung von Franklin wurde nach Paris geschickt. Ihr Ziel bestand unter anderem darin, Waffen und Munition für die Armee zu beschaffen. Bei deren Ankunft in Paris säumten die Menschen die Straßen, um Franklin zu sehen, der nicht nur wegen seiner wissenschaftlichen Leistungen berühmt war und dessen Schrift *Experiments and Observations on Electricity* in französischer Übersetzung viele Leser gefunden hatte (darunter der französische König, der mit einem persönlichen Glückwunschschreiben zur Drucklegung gratulierte). Auch sein Werk *The Way to Wealth*, das eine mustergültige Arbeitsethik entworfen hatte, war unter dem Titel *Le Science du Bonhomme Richard* auf Französisch erschienen und hatte in kürzester Zeit vier Auflagen erlebt. In diesem Essay formuliert Franklin einige Ratschläge, die bis heute zitiert und beherzigt werden. Sie lauten zum Beispiel: »There are no gains, without pains«; »If you have something to do tomorrow, do it today«; »The eye of the master will do more work than both his hands«, und »Early to bed, early to rise, makes a man healthy, wealthy and wise«.

Was das private Leben angeht, so beschreibt Franklin in seiner Autobiografie »schwer zu zügelnde Leidenschaften der Jugend«, die ihn in zahlreiche Liebschaften mit »sozial niederen Frauen« stürzten. Als er 1730 eine eheliche Gemeinschaft mit Deborah Reed einging, hatte er gerade einen Sohn mit einer jener »sozial niederen Frauen« gezeugt. Er wurde William genannt und sollte

1762 Gouverneur von New Jersey werden. Mit seiner angetrauten Frau zeugte Franklin auch Kinder, die aber keine Karriere machten.

In seinen letzten Lebensjahren engagierte sich Franklin für die Abschaffung der Sklaverei, dabei hatte er zuvor in einer Zeitschrift Anzeigen für den Verkauf von Sklaven veröffentlicht. Als Franklin kurz nach seinem 84. Geburtstag starb, war er sicher, noch einmal auf die Welt zu kommen – und zwar »in einer neuen, schöneren Ausgabe«, wie er bereits 1771 geschrieben hatte, als er seine Grabinschrift verfasste. Das wollte er selbst machen und niemandem überlassen.

»Die gefährlichste Weltanschauung ist die Weltanschauung der Leute, die die Welt nie angeschaut haben.«

ALEXANDER VON HUMBOLDT
(1769–1859)

Alexander von Humboldt gehört nach Berlin. Er ist dort geboren und 90 Jahre später auch in dieser Stadt gestorben. Aber er gehört auch der Welt. Ihn hat es nämlich nie lange zu Hause gehalten – selbst nicht in dem Schloss in Tegel, das seine Familie bewohnte –, und er hat einen großen Teil seines Lebens als Reisender mit wissenschaftlichen Ambitionen verbracht. Deshalb hat er im Ausland den Ehrentitel eines »deutschen Kolumbus« bekommen, und sein Name ist an erstaunlich vielen Orten auf der Weltkarte zu finden. »Humboldt« taucht besonders oft bei Namensgebungen in Südamerika auf, und selbst auf dem Mond erhebt sich ein Humboldt-Krater. Das selbstständige Leben als Reisender und Welterkunder konnte sich Humboldt nach dem Tod seiner Mutter leisten. Sie hatte ihm und seinem Bruder Wilhelm ein großes Vermögen hinterlassen, das von seinem schon Jahre zuvor verstorbenen Vater stammte.

Humboldt war nicht nur ein großer Reisender, sondern auch ein begnadeter Erzähler, was Goethe gegenüber seinem getreuen Eckermann einmal zu einem ungewöhnlichen Lob über Humboldt veranlasste:

»Was für ein Mann! Ich kenne ihn so lange, und bin von neuem über ihn in Erstaunen. Man kann sagen, er hat an Kenntnissen und lebendigem Wissen nicht seinesgleichen. Und eine Vielseitigkeit, wie sie mir gleichfalls noch nicht vorgekommen ist. Wohin man rührt, er ist überall zu Hause und überschüttet uns mit geistigen Schätzen. Er gleicht einem Brunnen mit vielen Röhren, wo man überall nur Gefäße unterzuhalten braucht und wo es uns immer erquicklich und unerschöpflich entgegenströmt.«

Humboldt, in dessen Leben nach dem Tod der Mutter keine weitere Frau auftaucht, hatte so viel zu sagen, und er wollte vor allem eines können, nämlich eine Naturforschung zu treiben, die weder auf das Sinnliche verzichtet noch vom Gefühl des Forschers absieht. Humboldt wollte die rationale und wissenschaftliche Natursicht »um die Dimension der ästhetischen Vernunft erweitern und bereichern«. Er strebte eine »Synthese von Wissenschaft und Ästhetik, von Begriff und Anschauung« an, so wie es der Philosoph Immanuel Kant in seiner *Kritik der reinen Vernunft* zwar vorgeschlagen, aber selbst nie umgesetzt hatte. Solch eine ästhetisch angelegte Wissenschaft würde ihre Ergebnisse in Form von »Naturgemälden« vorstellen.

Der Ausdruck »Naturgemälde« geht auf Humboldt selbst zurück, der damit ein ehrgeiziges Ziel bezeichnete. Er hoffte, langfristig Gemeinsamkeiten zwischen Wissenschaft und Kunst ausloten und ausnutzen zu können, um auf diese Weise das exakte Vorgehen der Wissenschaft um die ästhetische Dimension der Wahrnehmung zu erweitern. Humboldt wollte mit Herz und Hirn zugleich die Welt erfassen und verstehen und seinen Mitbürgern anschaulich vorführen, wie dies gelingen kann. Nur auf diese doppelte Weise sah er den eigentlichen und zutiefst humanen Charakter des Unternehmens Naturwissenschaft gewahrt. Für Humboldt stellte der Dreiklang aus »Humanität, Kunst und Wissenschaft« den Ton dar, den eine Kultur zum Klingen bringen und allen Menschen zugänglich machen musste.

Die Schwierigkeiten mit Humboldts Naturverständnis in fortgeschrittenen Zivilisationen mit technischen Entwicklungen beruhen darauf, dass sich hier eine Sehweise zeigt, die als altmodisch gilt und schwärmerisch wirkt. Für dösende Menschen vor dem Fernsehgerät macht es Mühe nachzuvollziehen, was der umtriebige Humboldt beim Nahsehen erleben und empfinden konnte:

»Am Gestade eines Sees, in einem großen Walde, am Fuß dieser vom ewigen Eis bedeckten Berggipfel ist es nicht die materielle Größe, die uns mit dem heimlichen Gefühl der Bewunderung erfüllt. Was zu unserer Seele spricht, was so tiefe und mannigfache Empfindungen in uns wach ruft, entzieht sich unseren Messungen, wie auch den Formen der Sprache. Wenn man Naturschönheiten recht lebhaft empfindet, so mag man Landschaften von verschiedenem Charakter gar nicht vergleichen; man würde fürchten, sich selbst im Genuss zu stören.«

Anzumerken ist, dass das, was heute lebende Menschen als romantischen Naturzugang eher als zu gefühlvoll einstufen, von Zeitgenossen wie Friedrich Schiller als kalt und gefühllos bewertet wurde. Schließlich verzichte Humboldt nicht darauf, die Dinge zu vermessen, die ihm dazu geeignet erschienen.

Zu lernen lohnt sich aber, dass Humboldt seinen Zugang zur Natur durch zwei komplementäre Möglichkeiten fand. Gemeint sind der ästhetische Naturgenuss und die wissenschaftliche Naturerkundung, die für ihn untrennbar zusammengehörten. Es ging Humboldt letzten Endes um die von Menschen erlebte Natur, weshalb bei ihm die Verwandtschaft der Gestalten eine wesentliche Rolle spielt. In seinen eigenen Worten:

»Die Außenwelt existiert nur für uns, indem wir sie aufnehmen, indem sie sich in uns zu einer Naturanschauung gestaltet. So geheimnisvoll unzertrennlich als Geist und Sprache, der Gedanke und das befruchtende Wort sind, ebenso schmilzt, uns gleichsam unbewusst, die Außenwelt mit dem Innersten im Menschen, mit dem Gedanken und der Empfindung zusammen.«

Humboldt beschreibt die Natur wie ein Dichter und Maler – mit poetischer Sprache und in lebendigen Bildern. Er bezieht die Spiegelung der Natur in die menschliche Seele mit ein und redet von Genuss, Gefühl, Furcht, Bewunderung und Erlebnis. Für ihn ist alles wichtig, »was die Grenzen unseres Wissens erweitert und dem Geist neue Gegenstände der Wahrnehmung oder neue Verhältnisse zwischen dem Wahrgenommenen darbietet«.

Auch das Thema Kolonialherrschaft und Sklaverei wird Humboldt viele Jahre beschäftigen und seinen schriftstellerischen Höhepunkt in einem auf Französisch verfassten politischen Essay über die Insel Kuba erfahren, der 1827 erscheint. In diesem Text schreibt Humboldt den für Kolonialherren verstörenden Satz: »Alles Unrecht trägt den Keim der Zerstörung in sich.«

»Als ich mich als Naturforscher
an Bord des ›Beagle‹ befand,
war ich aufs höchste überrascht
durch gewisse Merkwürdigkeiten
in der Verbreitung der Tiere und
Pflanzen Südamerikas. (Mir) schienen
diese Tatsachen Licht zu werfen
auf die Entstehung der Arten,
das Geheimnis aller Geheimnisse.«

CHARLES DARWIN
(1809–1882)

Von Charles Darwin stammt die großartige Idee einer evolutionären Geschichte des Menschen, und wenn sich zunächst auch viele Menschen damit schwertaten – sie wollten keine Affen als ihre Vorfahren anführen müssen –, so scheint sich Darwins gefährlicher Gedanke in der Moderne erstaunlich weit herumgesprochen zu haben. Offenbar sind die meisten Zeitgenossen mit der Idee der natürlichen Selektion vertraut, die unter den Varianten, die bei Nachkommen unvermeidlich auftreten, diejenigen bevorzugt, die sich besser in der ihnen gegebenen Umwelt zurechtfinden. In der Natur findet ein »Kampf ums Dasein« statt, wie uns beigebracht wird, ohne dass wir bemerken, dass dieser Gedanke gar nicht aus der Natur stammt. Er stammt vielmehr aus der englischen Gesellschaft des 19. Jahrhunderts, die damals erreicht hatte, was sie selbst als industrielle Revolution bezeichnete.

In dieser Gesellschaft nahm die Zahl der Menschen schneller als vorher zu, was den Pfarrer und Volkswirtschaftler Thomas Robert Malthus zu einem »Essay on the Principles of Population« anregte. Er vergleicht schon um 1800 die Zunahme der Zahl an Menschen mit dem Wachstum in der Produktion von Nahrungsmitteln und kommt zu dem Schluss, dass die Bevölkerung sich viel zu schnell vermehrt, als dass man sie ausreichend versorgen könne. Die viktorianische Gesellschaft hatte zwar auf diese Warnung reagiert und eine Armenfürsorge installiert, aber Malthus hielt das für den falschen Weg, da er die unteren Schichten nur ermutige, noch mehr Kinder in die Welt zu setzen.

Darwins Prinzip ist einfach: Wenn nur die Angepassten Nachwuchs hervorbringen und sich erst bei diesen Organismen das Geschehen – das Auswählen – wiederholt und danach erneut bei deren Nachkommen und dieser Prozess immer so weitergeht, von einer Generation zur nächsten und übernächsten, dann können im Laufe der Zeit Organismen entstehen, die besser mit ihren Existenzbedingungen zurechtkommen als ihre Vorgänger. Das ist Darwins Idee. Ihm fällt auch sofort ein Ausdruck für dieses Wirken ein, nämlich »natural selection« oder natürliche Auswahl. Deren Vorbild ist die Auslese, die ein Züchter vornimmt, wenn er etwa schnellere Hunde oder fettere Schweine hervorbringen möchte. Mit diesem Konzept hat Darwin endlich die Möglichkeit, die Anpassungen des Lebens an seine Umwelt ohne Rückgriff auf Gott und als natürliche Entwicklung verständlich zu machen.

Diese erste Einsicht in den evolutionären Prozess vertraut Darwin nur seinen Notizbüchern an. Es dauerte ein paar Jahre, bis er Freunde mit seiner Idee bekannt macht, der noch etwas zu fehlen scheint, denn die Entwürfe des Artenbuches, das 1859 erscheint, entstehen nicht vor Mitte der 1850er-Jahre. In diesem Zeitraum fühlt sich Darwin plötzlich wie ein »Krösus«, der »vom eigenen Reichtum an Fakten« erdrückt wird.

Als er mit einem Wagen unterwegs war, und zwar irgendwo zwischen London und seinem Wohnort Down, war ihm eine Idee gekommen. Im Mai 1851 hatte in der englischen Hauptstadt eine – von der Industrie geförderte – Weltausstellung ihre Tore geöffnet, und Darwin war mit einigen seiner Kinder hingefahren. Dabei muss ihm der Gedanke gekommen sein, dass sich im Verlauf der Evolution Pflanzen- und Tierarten dann besonders gut durchsetzen und behaupten können, wenn ihre Variationen möglichst breit gestreut sind (»als ob die Natur ein Industriebetrieb wäre, in dem ja die Arbeiter bekanntermassen desto effizienter produzieren, je weiter fortgeschritten die Arbeitsteilung ist – je vielgestaltiger also die Tätigkeiten der Einzelnen sind«).

Darwin hatte diese fortschreitende Spezialisierung vor der Weltausstellung bereits mit eigenen Augen in den Töpfereien gesehen, die seine Schwiegereltern betrieben, und er fügte sie nun in sein dynamisches Naturbild ein.

Mit anderen Worten: Es sind ausschließlich Begriffe aus der humanen Lebenswelt – und keine Naturbeobachtungen –, die es Darwin 1859 erlauben, seine gefeierte Einsicht in die Entwicklung des Lebens zu formulieren. Er legt sie in seinem Buch *Über die Entstehung der Arten* nieder, dessen Titel allerdings überhaupt nicht hält, was er verspricht. Von einem Verständnis des Ursprungs der Arten sind wir heute noch so weit entfernt wie damals, und was Darwin darstellt, hätte er besser »Die Anpassung der Organismen« genannt. Um sie geht es bis heute; genauer gesagt geht es um die künftig möglichen Anpassungen der einen Art, deren Gesellschaftsform Darwin überhaupt zu seinen Ideen verholfen hat. Gemeint sind wir selbst, und wir fragen, ob die 1859 geäußerte Hoffnung, dass mit der Kenntnis der Evolution auch »Licht auf den Menschen und seine Geschichte« fallen wird, uns helfen kann, zukunftsfähig zu werden, wie man heute sagt.

Es gibt leider nach wie vor zahlreiche Gegner des evolutionären Gedankens, und Menschen, die mehr einem Gott als ihrem Verstand vertrauen, meinen, einen intelligenten Designer herbeirufen zu müssen, der Menschen schafft. Dabei kann jeder Evolutionsbiologe diesem Wunschwesen sofort riesige Dummheiten nachweisen. Dem mit dem Nobelpreis ausgezeichneten Verhaltensforscher Konrad Lorenz zufolge würde ein Student der Ingenieurwissenschaften, der den Bauplan des Menschen als Diplomarbeit vorlegt, hochkantig durchfallen. Unabhängig davon lohnt es sich, die Frage nach dem, was der Mensch sein kann, im wissenschaftlich abgesteckten Rahmen der Evolution immer wieder neu zu stellen. Die wesentliche Folge von Darwins Idee besteht darin, dass wir mit ihrem Licht mehr sehen als vorher. Wir wissen nur nicht, ob uns immer gefällt, was sich da zeigt.

»Die Wissenschaft kann nicht nur,
sondern muss schlechterdings alles,
was es in der Welt gibt, zum Gegenstand
ihrer Forschung machen.«

KONRAD LORENZ
(1903–1989)

Der aus Wien stammende Konrad Lorenz ist 1973 als einer der ersten Verhaltensforscher mit dem Nobelpreis für Medizin ausgezeichnet worden, und zwar zusammen mit dem britisch-niederländischen Zoologen Nikolaas Tinbergen und dem deutschen Bienenforscher Karl von Frisch. Sie alle hatten »Entdeckungen zur Organisation und Auslösung von individuellen und sozialen Verhaltensmustern« aufzuweisen, wobei Tinbergen unter anderem angeborene Auslösungsmechanismen bei Insekten untersucht hat, Karl von Frisch Verhaltensweisen wie den »Schwänzeltanz« bei Bienen analysieren konnte und Konrad Lorenz sich seinen Namen durch die Erforschung der Prägung und des tierischen Sozialverhaltens machte. Weit bekannt wurden seine Experimente mit Graugänsen, bei denen ihm auffiel, dass frisch aus dem Ei geschlüpfte Küken (Gössel) sich nicht an der Mutter, sondern an dem ersten Gegenüber orientierten und ihm folgten, das ihnen im Licht der Welt zu Gesicht kam. Der Beobachter Lorenz wurde zum »Vater der Graugänse«, wie seine Ehrenbezeichnung bald lautete.

Einen über die Fachwelt hinausgehenden Ruhm zu Lebzeiten verdankt der sich selbst als Ethnologe bezeichnende Lorenz seinem 1963 erschienenen Weltbestseller *Das sogenannte Böse*, in dem er eine »Naturgeschichte der Aggression« erzählt. Hier ist auch das aufsehenerregende und nachdenklich stimmende Bekenntnis enthalten, dass der Autor das Buch geschrieben hat »nicht etwa aus Interesse an der Aggression im Allgemeinen, sondern weil er der Überzeugung sei, dass diese die Wurzel ehelicher Liebe sei«, weshalb Lorenz *Das sogenannte Böse* auch seiner Ehefrau widmet.

In einem zehn Jahre später – rechtzeitig zur Verleihung des Nobelpreises – vorgelegten Werk hat Lorenz einen weiteren Versuch unternommen, eine Naturgeschichte zu schreiben, diesmal zur Herkunft »des menschlichen Erkennens«, die unter dem Titel *Die Rückseite des Spiegels* erschienen ist. So etwas klingt natürlich weniger nach Verhaltensforschung und mehr nach Philosophie, und es ist tatsächlich diese Disziplin, in der Lorenz sich versucht – allerdings nicht ohne der Biologie und dem Leben verhaftet zu bleiben, das er ausdrücklich als »Erkenntnisvorgang« beschreibt. Das Leben ist für Lorenz deshalb ein Erkenntnis vermittelnder Prozess, weil es im Laufe einer Geschichte *geworden* ist, die als seine Evolution bekannt ist. Und dabei haben sich – nach der Überzeugung von Lorenz – nicht nur Arme und Beine, sondern auch bestimmte Formen des Denkens und der Wahrnehmung von Welt entwickelt. Bei diesem Konzept ist heute von einer evolutionären Erkenntnistheorie die Rede, in deren Rahmen die Denkkategorien als evolutionäre Anpassungen gedeutet werden, mit deren Hilfe die damit ausgestatteten Organismen sich zurechtfinden und überleben konnten.

Trotz einiger – ebenfalls österreichischer – Vorläufer im 19. Jahrhundert darf man sagen, dass es vor allem Konrad Lorenz ist, dem die Verbindungen zwischen Erkenntnistheorie und Evolution zu verdanken sind. Lorenz hat seine Ideen zum ersten Mal in Königsberg zu Papier gebracht. Königsberg ist nicht nur die Stadt, in der er 1940 seine erste Professur antreten konnte, sondern war auch die Heimat des großen Philosophen Immanuel Kant, dessen Gesammelte Werke Lorenz bei seinem Amtsantritt in Preußen von seiner Frau geschenkt bekam.

Offiziell war Lorenz im Jahr nach Kriegsausbruch in Königsberg Professor für vergleichende Psychologie geworden. Aber beim Studium der Schriften Kants begann der Tierforscher wie der große Philosoph im 18. Jahrhundert vor ihm über das Werden und Wachsen der menschlichen Erkenntnis nachzusinnen. Lorenz erkundete die Bedingungen der Möglichkeit von Erkenntnis, wie Kant sagen würde, und 1941 erschien in den »Blättern für Philosophie« die wohl tiefsinnigste Arbeit von Lorenz. Unter dem Titel »Kants Lehre vom Apriorischen im Lichte gegenwärtiger Biologie« schrieb Lorenz unter anderem:

»Für den Naturforscher ist es Pflicht, den Versuch der natürlichen Erklärung zu machen, ehe er sich mit der Heranziehung außernatürlicher Faktoren zufrieden gibt, und diese Pflicht besteht in vollem Maße für den Psychologen, der sich mit der von Kant entdeckten Tatsache auseinandersetzen muss, dass es so etwas wie apriorische Denkformen gibt. Wenn man nun die angeborenen Reaktionsweisen von untermenschlichen Organismen kennt, so liegt die Hypothese ungemein nahe, dass das ›Apriorische‹ auf stammesgeschichtlich gewordenen, erblichen Differenzierungen des Zentralnervensystems beruht, die eben gattungsmäßig erworben sind und die erblichen Dispositionen, in gewissen Formen zu denken, bestimmen.«

Mit anderen Worten: Lorenz verwandelt Kants Apriori zu einem Aposteriori der Evolution. Er akzeptiert, was Kant vorgeschlagen hat, dass nämlich jeder Mensch über Formen der Anschauung verfügt, die ihm a priori gegeben sind und also vor jeder individuellen Erfahrung existieren. Lorenz denkt aber darüber hinaus und konstatiert, dass diese Kategorien nicht vom Himmel gefallen, sondern im Verlauf der evolutionären Geschichte unserer Gattung entstanden und insofern als a posteriori zu betrachten sind.

Leider finden sich bei Lorenz neben diesem Triumph des evolutionär und also naturwissenschaftlich argumentierenden Geistes auch viele unangenehme Verbeugungen vor dem nationalsozialistischen Zeitgeist. In den Kriegsjahren, in denen er Kants

Philosophie einsichtig macht, äußert er sich auch über die »Ausmerzung ethisch Minderwertiger«. Er empfiehlt eine Rassenpflege und führt soziale Ausfallsmutanten an, die sich wie ein Krebsgeschwür im Volkskörper ausbreiteten. In seine oben zitierte berühmte Arbeit schleicht sich sogar das finstere Wort des »Untermenschlichen« ein, und seine Freunde haben alle Hände voll zu tun, dies alles zu erklären, als der Ruhm einsetzt. Nach seinem Tod ist es ruhig um Lorenz geworden.

ERKENNTNISSE
AUS CHEMIE UND MEDIZIN

»Die Wissenschaft fängt eigentlich
da erst an interessant zu sein,
wo sie aufhört.«

JUSTUS VON LIEBIG
(1803–1873)

Von 1845 an konnte sich der aus Darmstadt stammende Justus Liebig Freiherr von Liebig nennen. Es war sein eigener Wunsch, und der Titel hat ihm bei dem geholfen, was Liebig immer gekonnt hat, nämlich durch Bleibeverhandlungen an den Universitäten, an denen er tätig war, seine finanzielle und berufliche Situation zu verbessern.

Jede Darstellung von Liebigs Leben muss mit dem Hinweis beginnen, dass er ein deutscher Chemiker war. Wichtig ist daran nicht so sehr das nationale Attribut, sondern die Berufsbezeichnung. Sie mag heute vertraut und eher gewöhnlich klingen. Aber zu Beginn des 19. Jahrhunderts, als Liebig geboren wurde, konnte man kaum Vertreter dieses Fachs an deutschen Hochschulen finden, denn deren Professoren waren mehr mit der Theologie beschäftigt. Erst nach 1800 fingen Naturforscher an, zum Beispiel die uralte Idee von Atomen ernst zu nehmen, um damit zu verstehen, auf welche Weise sich Atome verbinden können, um die vielen in der Natur zu findenden chemischen Stoffe hervorzubringen.

Liebig wurde als Sohn eines Drogisten und Farbenhändlers geboren, und das Herumstöbern in der Werkstatt seines Vaters hat ihm wohl Lust auf das Experimentieren mit allen möglichen Materialien gemacht, wie er es auch auf Jahrmärkten sehen konnte, auf denen Schausteller unter anderem Knallerbsen vorführten.

In jungen Jahren – ab 1819 – beginnt Liebig ein Studium der Chemie, zuerst in Bonn und dann in Erlangen, wo er eine Doktorarbeit »Über das Verhältnis der Mineralchemie zur Pflanzenchemie« anfertigt. Deren Titel lässt eines von Liebigs Lebensthemen erkennen, nämlich die Frage, welche Substanzen (Mineralien) das Leben (Pflanzen) benötigt, um gut gedeihen zu können. Der erst 21-jährige Liebig überzeugt seine Lehrer derart, dass er im Mai 1824 erst zum außerordentlichen und dann sogar zum ordentlichen Professor für Chemie und Pharmazie an der Ludwigs-Universität in Gießen berufen wird. So schön das auch klingt – das Gehalt konnte nicht als üppig verstanden werden, und Liebig musste nebenberuflich aktiv werden, um seine finanziellen Probleme in den Griff zu bekommen. Er gründete ein privates Institut für Pharmazie und technisches Gewerbe und die Zeitschrift »Annalen der Pharmazie«, die später allgemein bekannt wurde als »Liebigs Annalen«.

Liebigs Lehrmethoden, seine analytischen Entdeckungen und zahlreichen Schriften machten ihn bald europaweit berühmt. König Maximilian II. von Bayern wurde auf ihn aufmerksam, mit der Folge, dass die Universität München ihm ein neues Chemisches Institut einrichtete, ihm eine daneben liegende Wohnung zuwies und alle Freiheiten für Forschung und Lehre einräumte. Ab 1852 wurde der Freiherr in München tätig, und hier entwickelte Liebig einen Superphosphat-Dünger, der ihm erlaubte, Mitbegründer einer »Bayerischen Aktiengesellschaft für chemische und landwirtschaftliche Fabrikate« zu werden, die sich BAG nannte und ihren Sitz zunächst in einem Ort namens Heufeld hatte. Aus der BAG konnte sich die Süd-Chemie AG entwickeln, die bis 2012 erfolgreich wirtschaftete und seitdem Teil des Schweizer Clariant-Konzerns ist.

Schon bevor Liebig nach München kam, gehörte sein Hauptinteresse in Gießen der Landwirtschaft, der er mithilfe der Chemie die Möglichkeit geben wollte, die damals zum Teil verheerenden Hungersnöte ein für allemal zu überwinden. Seine Erkenntnisse stellte er in zwei berühmten Werken zusammen, die 1840 und 1842 erschienen. Sie führen *Die organische Chemie in ihrer Anwendung auf Agricultur und Physiologie* vor und erläutern, was *Die Thierchemie oder die organische Chemie in ihrer Anwendung auf Physiologie und Pathologie* leisten kann.

Um Säuglingen aus armen und schlecht ernährten Familien, in denen es aus verschiedenen Gründen an Muttermilch fehlte und die sich auch keine Amme leisten konnten, doch ausreichend Nahrung zu verschaffen, stellte Liebig nach ausgedehnten Untersuchungen der Lebensmittelchemie und ihrer Mindestanforderungen für einen Organismus die Zutaten für eine »Suppe für Säuglinge« zusammen, die als Vorläufer der heute so beliebten Babynahrung verstanden werden kann.

Besondere Aufmerksamkeit bekam Liebig zum einen für seine Herstellung eines chemischen Gemischs, mit dem man Brot backen konnte, ohne auf leicht verderbliche Ware angewiesen zu sein. Und sein Ruhm stieg zum anderen durch die Anfertigung eines Fleischextraktes, der unter seinem Namen verkauft wurde. Der Extrakt war als Nahrungsmittel für den ärmeren Teil der Bevölkerung gedacht, hat sich zuletzt aber vor allem als Würze für Suppen und andere Speisen durchgesetzt. »Liebigs Fleischextrakt« kann man als frühe Form der heute unter den Namen Maggi und Knorr verbreiteten Speisewürzen betrachten. Zu seiner Zeit wurde der Fleischextrakt mit Sammelbildern verkauft, die sich viele Jahre lang großer Beliebtheit beim Publikum erfreuten.

Um die Erkenntnisse seiner Wissenschaft einem breiten Publikum nahezubringen, begann Liebig ab 1841 mit dem Verfassen von »Chemischen Briefen«, die in der Augsburger Zeitung publiziert wurden und viele Leser fanden.

Was den Hochschullehrer Liebig angeht, so richtete er es ein, in seinen Vorlesungen experimentelle Demonstrationen chemischer Reaktionen vorzuführen, was ihm eine Vielzahl von Studenten aus aller Welt einbrachte. Liebigs Methoden der Wissenschaft und ihrer Lehre brachten die Chemie im späten 19. und frühen 20. Jahrhundert zu ungeahnter Blüte, wobei sich seine persönlichen Nachwirkungen einfach abzählen lassen. Von den ersten Chemikern, die ab 1901 mit dem Nobelpreis für ihr Fach ausgezeichnet wurden, können 42 als Nachfolger oder Schüler von Liebig bezeichnet werden. In München steht auf dem Maximiliansplatz ein Denkmal des großen Chemikers.

»Ein Chemiker,
der kein Physiker ist,
ist gar nichts.«

ROBERT WILHELM BUNSEN
(1811–1899)

Selbst wer das meiste aus dem Chemieunterricht in der Schule vergessen hat, wird sich an den vielfach eingesetzten Bunsenbrenner erinnern, der eine Gasflamme liefert, wobei das Brenngas nach dem Prinzip einer Strahlpumpe die Verbrennungsluft selbst ansaugt. Gasbrenner gab es schon vor Bunsen – als Erfinder kann man Michael Faraday nennen –, doch der aus Göttingen stammende Chemiker konnte das Gerät nach 1859 so verbessern, dass es im Labor einfach und gefahrlos zu handhaben war. Bunsen arbeitete damals in Heidelberg, und er hatte sich mit dem Physiker Gustav Robert Kirchhoff zusammengetan, um das zu unternehmen, was die Lehr- und Geschichtsbücher die Spektralanalyse chemischer Elemente nennen. Dieses Verfahren ist auch als Flammenprobe bekannt, wodurch angedeutet wird, was man unternimmt. Man erhitzt eine Substanz zum Beispiel mithilfe der Flamme eines Bunsenbrenners und schaut nach, welche Farben dabei entstehen.

Wie damals untersucht und verstanden wurde, weisen chemische Elemente dabei charakteristische Linien auf, die es einem Wissenschaftler erlauben, die Substanz zu identifizieren. Was als Spektralanalyse ziemlich harmlos klingt und nur einen Fachmann zu interessieren scheint, zeigt aber bald kosmische Auswirkungen von allgemeiner Bedeutung. Denn zuerst erkunden Kirchhoff und Bunsen, dass man die Flammenprobe von Elementen auch unternehmen kann, wenn jemand auf dem Heidelberger Schloss mit einem Bunsenbrenner operiert, während die beiden Herren auf dem Marktplatz in der Stadt ihre spektroskopischen Beobachtungen machen. Und somit wissen sie, dass sich auch analysieren lässt, welche Elemente auf den leuchtenden – also brennenden – Sternen zu finden sind. Zwar hatte ein positivistisch denkender Philosoph vorher verkündet, Menschen könnten niemals wissen, was auf den leuchtenden Himmelskörpern zu finden ist, denn es sei uns unmöglich, dorthin zu fahren. Doch Bunsen und Kirchhoff brauchten die Reise gar nicht anzutreten, um zu wissen, welche Elemente sich auf den Sternen befinden. Sie brauchten bloß hinzuschauen, und als sie dies mit der Spektralanalyse unternahmen, stellten sie fest, dass sich dort oben dieselben Substanzen befinden wie hier unten.

Somit konnten Menschen zum ersten Mal mit wissenschaftlicher Gewissheit davon sprechen, dass sie in einem *Universum* leben – und nicht in einem *Duoversum*, bei dem jenseits des Mondes etwas anderes gilt als diesseits, wie man seit der Antike angenommen hatte. Es waren ein Chemiker und ein Physiker, die den Menschen das Universum geschenkt haben, und man könnte ruhig einmal Danke sagen.

Im Verlauf ihrer Arbeiten identifizierten Bunsen und Kirchhoff zahlreiche neue Elemente, die sie in das langsam wachsende Periodensystem eintragen konnten, unter anderem die als Alkalimetalle bezeichneten Elemente Cäsium und Rubidium. Sie bemerkten auch, dass sich auf der Sonne ein Element zeigte, das man auf der Erde erst noch finden musste, weshalb man es Helium taufte. Es ist offenkundig, wie wichtig für den Chemiker Bunsen die Zusammenarbeit mit einem Physiker war, was auch in dem Zitat zum Ausdruck kommt, das für dieses Kapitel ausgewählt wurde. Einen ähnlichen Gedanken hatte bereits Georg Christoph Lichtenberg im 18. Jahrhundert geäußert, als er meinte: »Wer nur die Chemie kennt, kennt auch die Chemie nicht.« Wobei der Autor dieser Zeilen diese Einsicht über die Disziplinen der Naturwissenschaft hinaus für gültig hält und behauptet: »Wer nur die Naturwissenschaften kennt, kennt auch die Naturwissenschaften nicht.« (Natürlich trifft erst recht ein Satz der Art zu, die postuliert: »Wer nur die Kunst kennt, kennt auch die Kunst nicht.«)

Bevor Bunsen nach Heidelberg kam – dies war im Jahre 1852 –, hatte er in Göttingen, Kassel, Marburg und Breslau gearbeitet. In Kassel hatte er als Nachfolger von Friedrich Wöhler mit Untersuchungen über die in Hochöfen ablaufenden Prozesse begonnen und sich dabei schwere Verletzungen am rechten Auge zugezogen, wodurch er teilweise erblindet war. Trotz der Behinderung hielt Bunsen durch und bemerkte, dass 75 Prozent des Heizwertes der Kohle nicht genutzt werden. Nachdem er 1847 englische Hochöfen analysieren konnte, unterbreitete er Vorschläge, wie die Wärme besser genutzt werden kann.

Als 1845 auf Island ein Vulkan ausbrach, lud ihn die dänische Regierung ein, auf der Insel Gas- und Gesteinsproben zu untersuchen, was Bunsen annahm und dazu nutzte, die Gasanalyse in eine exakte Methode zu verwandeln. Er fand in dem, was der Vulkan in die Luft jagte, Wasserstoff, Schwefelwasserstoff und Kohlendioxid. Das Auftreten von Wasserstoff erklärte Bunsen durch die Spaltungen von Schwefelwasserstoffen, bei denen auch das Element Schwefel frei wird.

Zu seinen weiteren Leistungen gehört die Entwicklung einer ersten preisgünstigen Stromquelle für Arbeiten im Laboratorium: Gemeint ist eine Zink-Kohle-Batterie, die als Bunsen-Element bekannt geworden ist und bis zur Einführung des elektrodynamischen Prinzips von Werner von Siemens als das gebräuchlichste Element zur Stromerzeugung genutzt wurde. Die doppelte Bedeutung von Element – zum einen als chemische Einheit, zum anderen als technische Vorrichtung – hat zwar damals schon für Verwirrung gesorgt, ist aber bis heute Sprachgebrauch geblieben.

Als Bunsen auf Island die aus- und auftretenden Gase untersuchte, kümmerte er sich auch um die chemische Zusammensetzung der Eruptivgesteine und der Feldspate. Er hat sich sein Leben lang für Geologie interessiert und sich ganz diesem Fach zugewandt, nachdem er sich als 78-Jähriger aus der Universität Heidelberg zurückgezogen hatte. Als er im Alter von 88 Jahren starb, wurde er auf dem Heidelberger Bergfriedhof beigesetzt. In seinem Nachruf hieß es: »Als Forscher war er großartig. Als Lehrer sogar noch großartiger. Als Mensch und Freund war er der Größte.«

»Wenn die Wissenschaft auch kein Vaterland hat, so soll der Wissenschaftler doch eines haben, und ihm soll er die Auswirkung zukommen lassen, die seine Arbeiten in der Welt haben können.«

LOUIS PASTEUR
(1822–1895)

Louis Pasteur hat als Chemiker und Mikrobiologe gearbeitet, er hat grundlegende und angewandte Forschungen zugleich unternommen und es geschafft, seinen Namen gleich zweimal im öffentlichen Bewusstsein zu verankern. Auf der einen Seite bezeichnet man bei flüssigen oder pastösen Lebensmitteln den Vorgang des kurzen Erwärmens, mit dem ihre Haltbarkeit erhöht wird, als Pasteurisieren. Dieser Name leitet sich wohl deshalb von dem französischen Forscher ab, weil er sich als Erster davon überzeugen konnte, dass sich in Nahrungsstoffen immer eine Fülle von Mikroorganismen befinden, die sich vermehren und das Essen verderben können, wenn sie nicht vorher durch die Erhitzung abgetötet werden. Und neben dem Pasteurisieren taucht sein Name im öffentlichen Raum in den Pasteur Instituten auf, die es in Frankreich seit 1888 gibt und als deren erster Direktor Pasteur selbst agierte.

Er genoss damals einen ungeheuren Ruf und zeigte sich in der Lage, die finanziellen Mittel zusammenzubringen, die für solch eine Gründung benötigt werden, weil ihm die spektakuläre Heilung eines Jungen namens Joseph Meister gelungen war, wie Pasteur am 26. Oktober 1885 bekannt gegeben hatte. In dieser Zeit war zum ersten Mal verstanden worden, was heute jeder weiß, dass es nämlich Infektionskrankheiten gibt. Mit dieser Kenntnis gab es nicht automatisch eine Heilung, obwohl das Konzept einer möglichen Impfung gegen die Krankheitserreger schon damals zirkulierte.

Eine der gefürchteten Seuchen des späten 19. Jahrhunderts zeigte sich in der Tollwut, die den wissenschaftlichen Vorteil hatte, auch in Tieren zu grassieren, was einen experimentellen Zugang erlaubte. Viele medizinisch orientierte Biologen befassten sich damals mit der Tollwut.

Pasteur versuchte, den Erreger durch Übertragung abzuschwächen, was er anhand von Inkubationszeiten bei Affen und Hunden testete. 1884 gelang es ihm, Hunde mit einem Impfstoff vor einer Ansteckung mit Tollwut zu schützen, und ein Jahr später tauchte der junge Patient Joseph Meister bei ihm auf. Pasteur steckte in einem doppelten Dilemma. Auf der einen Seite hatte er bei den Tieren Erfolg gehabt, weil die Gabe des Impfstoffs *vor* der Infektion erfolgte, und außerdem verfügte er über keinerlei Erfahrung mit Patienten. Auf der anderen Seite stand vor ihm ein kranker Mensch, der ohne seine Hilfe sterben würde. Pasteur entschloss sich zu einem Schritt, den keine Ethikkommission auch nur in Erwägung ziehen und sofort radikal verbieten würde. Er impfte den Jungen – und hatte Glück. Pasteur konnte am 26. Oktober 1885 die Heilung von Joseph Meister verkünden, und jetzt kannten weder sein Ruhm noch die fließenden Finanzmittel eine Begrenzung.

So sieht alles danach aus, als könnte hier ein großes Kapitel der modernen Medizin geschrieben werden. Der Historiker Gerald Geison hat es versucht und bei einem Blick in die erst seit Kurzem zugänglichen Labortagebücher von Pasteur entdeckt, dass der große Meister viel geschwindelt und der Öffentlichkeit etwas vorgespielt hat, als er vor seiner Impfung des kranken Patienten verkündete, Erfahrungen mit dieser Art der Tollwutimpfung zu haben. Dieser Hinweis ändert aber weder etwas an der Problemlage, in der sich Pasteur befand, als ein Sterbender um Hilfe bat, noch an der Tatsache, dass die Heilung gelungen ist. Die Fragen, die sich hier stellten, tauchen auch heute in ähnlichen Situationen zwangsläufig auf.

Es gibt noch andere Ungereimtheiten in Pasteurs Wirken, etwa seine Auseinandersetzung mit dem deutschen Bakteriologen Robert Koch. Beide interessierten sich für den Milzbrand und seinen Erreger und konkurrierten um die Ehre, als Erster einen wirksamen Impfstoff präsentieren zu können. Es gab offene Briefe in unverschämtem Ton, wie in dem Buch *Robert Koch und Louis Pasteur: Duell zweier Giganten* von dem Autorenduo Maxime Schwartz und Annick Perrot beschrieben wird.

Bei dem 21 Jahre älteren Pasteur muss ein weiterer dunkler Fleck auf der ansonsten glänzenden Weste notiert werden. Er hat auch mit Keimen zu tun, wobei es diesmal nicht um Krankheiten, sondern um die Frage nach der Entstehung des Lebens geht. Während man heute sicher ist, dass Leben nicht spontan in warmen Teichen oder verfaulendem Fleisch entsteht, sondern sich in solchen Fällen durch längst präsente und dann wachsende Mikroorganismen zeigt, mussten Pasteur und seine Kollegen dafür erst den Beweis bringen. Um 1860 gab es viele Versuche in diese Richtung, die zwar alle nicht völlig überzeugend waren, Pasteur aber trotzdem ein Preisgeld der Akademie der Wissenschaften einbrachten. Anzumerken bleibt, dass Pasteur zwar nach außen stets stolz verkündete, den spontanen Beginn des Lebens durch seine Versuche ausgeschlossen zu haben, aber bis 1878 in privaten (und zu seinen Lebzeiten nicht veröffentlichten) Notizen die Möglichkeit solch eines spontanen Ursprungs einräumte. Irgendwann am Anfang alles organischen Seins musste es doch so gewesen sein?

Zwar kennt man Pasteur heute vor allem als Mikrobiologen, aber ursprünglich versuchte er sich als Chemiker, der sich zum Beispiel um die alkoholische Gärung kümmerte, um zu verstehen, wie Bier entsteht. Als sich Pasteur diesem Thema zuwandte, konnte niemand sagen, ob die Gärung ein rein chemischer Prozess ist oder die Hilfe von Mikroorganismen benötigt, worunter man damals vor allem Hefezellen verstand. Pasteur konnte zeigen, dass das Gären nicht nur Ethanol und Kohlendioxid, sondern zahlreiche Nebenprodukte wie Glycerin, Bernsteinsäure, Zellulose und Fette hervorbringt. Er kam zu der Überzeugung, dass an der Gärung Lebewesen beteiligt sein mussten. 1861 entdeckte er das, was man später den »Pasteur-Effekt« nannte: Bei Sauerstoffmangel decken Zellen ihren Energiebedarf durch den anaeroben Abbau von Kohlehydraten. Nachzulesen seit 1876 in seinem Buch über das Bier: *Études sur la bière*. Studien zum Bier. Ein schönes Thema.

»Die Frage ist so gut, dass ich sie nicht durch meine Antwort verderben möchte.«

ROBERT KOCH
(1843–1910)

Robert Koch stammt aus Clausthal-Zellerfeld und hat in Göttingen Medizin studiert. Dabei hat er auch Jakob Henle kennengelernt, der bereits 1840 aus theoretischen Erwägungen angenommen hatte, dass es stofflich fassbare Krankheitserreger gibt, ohne ihre Existenz sichtbar nachweisen zu können. Koch promovierte und landete 1872 als Kreisarzt in der Provinz Posen. Er richtete in seiner Praxis ein kleines Laboratorium ein, das nicht nur mit den traditionellen Instrumenten – Mikroskop, Mikrotom, Brutkasten, Färbeeinrichtung –, sondern auch mit einem Fotoapparat ausgerüstet war, der die mikroskopischen Präparate aufnehmen konnte.

In Kochs Amtsbezirk wurden die Rinder häufig von Milzbrand befallen, und seit Längerem hegten die Veterinärmediziner den Verdacht, dass diese Krankheit mit Bakterien in Verbindung zu bringen sei. Außerdem gab es Berichte über stäbchenförmige Gebilde (›Bazillen«) im Blut der betroffenen Tiere. Koch konnte nun in mühevoller Kleinarbeit beide Fäden verknüpfen und bis 1876 die Erreger des Milzbrandes identifizieren. Ihm gelang es – neben seiner ärztlichen Tätigkeit im Dorf –, die Entwicklung des Milzbrandbazillus im Mikroskop zu verfolgen und zu zeigen, dass die Bakterien Sporen bilden und sich in dieser Form jahrelang verborgen halten können, bevor sie erneut in einen Körper eindringen und ihn infizieren.

Koch verbesserte nach dem ersten Erfolg seine technische Ausrüstung und wandte sich den humanen Wundinfektionen wie der Sepsis (Blutvergiftung) zu, um auch hier die Ursache in Form von Bakterien zu finden. 1878 publizierte er sein Buch *Neue Untersuchungen über die Mikroorganismen bei infektiösen Wundkrankheiten*, und mit dessen Hilfe kam er an das Kaiserliche Gesundheitsamt in Berlin.

Der Vorschlag, Koch nach Berlin zu holen, ging auf den damaligen Leiter des Reichsgesundheitsamtes zurück, den Sanitätsrat Heinrich Struck. Er begründet seine Initiative am 9. März 1880 in einem Brief an den zuständigen Staatssekretär im Innenministerium wie folgt: »Euer Excellenz beehre ich mich, zur Wiederbesetzung der (...) Stelle eines Ordentlichen Mitgliedes den schon zur Berufung als Außerordentliches Mitglied in Aussicht genommenen Kreisphysikus Doktor Robert Koch in Wollstein ganz gehorsamst in Vorschlag zu bringen. Bei der Wahl dieses Mannes habe ich vorzugsweise den Zweck vor Augen gehabt, für die genannte Stelle nicht allein einen praktisch erfahrenen, an strenge Arbeit gewöhnten und dienstlich geschulten Medicinal-Beamten zu gewinnen, sondern auch die sich darbietende Gelegenheit zu benutzen, um den bei der ersten Zusammensetzung des Gesundheits-Amtes nicht hinreichend gewürdigten Bedürfnissen eines durchaus auf der Höhe stehenden Fachmannes für experimentelle Pathologie und mikroskopische Technik Rechnung zu tragen.« Am 10. Juli 1880 tritt Koch seinen Dienst in der Luisenstraße 57 an, und damit beginnt eine der erfolgreichsten Phasen in der Geschichte der Medizin.

In der Hauptstadt setzte Koch fort, was er in der Provinz begonnen hatte. 1881 legte er seine Arbeiten »Über Desinfektionen« und die Dampfsterilisation vor, um sich anschließend auf die Suche nach dem Erreger der gefürchteten Tuberkulose zu machen. Am 24. März 1882 hielt Koch im Physiologischen Hörsaal der Universität seinen legendären Vortrag »Über Tuberkulose«, an dessen Ende er sich die Behauptung zutraute, »dass die in den tuberkulösen Substanzen vorkommenden Bazillen nicht nur Begleiter des tuberkulösen Prozesses, sondern die Ursachen desselben sind, und dass wir in den Bazillen das eigentliche Tuberkelvirus vor uns haben«.

Um zu diesem entscheidenden Schluss zu kommen, hatte Koch die Prinzipien aufgestellt (und überprüft), die wir bis heute als »Kochsche Postulate« lehren und die so etwas wie das Grundgesetz der bakteriologischen Forschung darstellen: Ein Erreger darf erst dann als Ursache einer Krankheit angesehen werden, wenn er immer nachzuweisen ist (ohne bei anderen Erkrankungen auffindbar zu sein), wenn er außerhalb des Organismus gezüchtet werden kann und bei anschließender Übertragung auf Versuchstiere die gleiche Krankheit auslöst.

Im April 1885 verließ Koch das Gesundheitsamt, um von nun an als Direktor des Hygieneinstituts an der Universität Berlin zu arbeiten. Von dieser Position aus gründete er seine Schule, aus der viele berühmte Ärzte und Mikrobiologen hervorgingen – etwa Friedrich Löffler, der die Erreger der Diphterie und der Maul- und Klauenseuche entdeckte, oder Georg Gaffky, dem als Erstem die Züchtung von Typhusbazillen gelang.

Als 1890 in Berlin der 10. Internationale Medizinische Kongress stattfand, hielt Koch seinen Vortrag »Über bakteriologische Forschung«, der das neue Fach der Bakteriologie als eigenständigen Teil der Naturwissenschaften etablierte. Die Erforschung ansteckender Krankheiten konnte nun systematisch vor sich gehen. Allerdings erhofften sich die preußische Regierung und die Patienten mehr, nämlich ein Heilmittel gegen die Tuberkulose. Zwar glaubte Koch, »dass die Bakteriologie auch für die Therapie von größter Bedeutung sein wird« und es gelingen sollte, »pathogene Bakterien im lebenden Körper ohne Benachteiligung des letzteren unschädlich zu machen«, aber noch war es nicht so weit, wie Koch wusste. Deswegen äußerte er die Ansicht, dass bei ansteckenden Krankheiten »der größte Nachdruck auf die Prophylaxe zu legen« sein wird, also auf hygienische Maßnahmen.

Dies galt jedenfalls noch im Jahre 1891, als der preußische Staat für Koch das heute nach ihm benannte Institut für Infektionskrankheiten einrichtete, das zunächst in einem Winkel der Charité untergebracht war. Die therapeutische Lage hatte sich wesentlich verbessert, als Koch 1905 der Nobelpreis für Medizin zugesprochen wurde. 1910 ist der Pionier der Bakteriologie bei einem Kuraufenthalt in Baden-Baden gestorben.

»Es wird ja fleißig gearbeitet und viel mikroskopiert, aber es müsste mal wieder jemand einen gescheiten Gedanken haben.«

RUDOLF VIRCHOW
(1821–1902)

Rudolf Virchow wird gerne als »Inbegriff des deutschen Mediziners und Wissenschaftlers des 19. Jahrhunderts« bezeichnet und gefeiert, weil er sich so konsequent wie kein anderer für eine naturwissenschaftliche Orientierung des Bemühens um Heilung einsetzte. Er kommt 1821 als einziges Kind eines Fleischermeisters zur Welt und fällt früh durch hohe Intelligenz und ungewöhnliche Urteile auf. Bei der Reifeprüfung 1839 entscheidet er sich, einen Aufsatz über die Ansicht zu schreiben: »Ein Leben voller Arbeit und Mühe ist keine Last, sondern eine Wohltat.«

Virchows Leben wird diese Wohltat (für andere), und er bereitet sich mit einem Studium der Medizin darauf vor. 1845 hält Virchow seinen ersten öffentlichen Vortrag, als er an der Charité »Über das Bedürfnis und die Richtigkeit einer Medizin vom mechanischen Standpunkt« spricht. Es ist ein Plädoyer für ein wissenschaftliches Vorgehen bei Krankheiten – basierend auf klinischen und pathologischen Beobachtungen – und gegen ein naturphilosophisches Spekulieren ohne empirische Basis. Virchow verkündet, dass das Leben, mitsamt seinen Störungen, als Aktivität von Zellen zu verstehen ist und keine geheimnisvolle Lebenskraft zu dessen Erklärung in Anspruch genommen werden muss (wie viele seiner Zeitgenossen noch meinten, die dafür die lateinischen Worte *vis vitalis* benutzten). Virchow räumt damit auf, und er tut dies mit dem bekennenden Hinweis: »Das Leben wird immer etwas Besonderes bleiben.« Auch deshalb verbindet er den Beruf des Arztes mit einer besonderen Verantwortung.

Nachdem Virchow im Frühjahr 1846 die medizinischen Examen bestanden hat, zieht es ihn in die pathologische Anatomie – er bewirbt sich um eine freie Prorektorenstelle –, und er schmiedet Pläne für eine dazugehörige wissenschaftliche Zeitung. Deren erste Nummer erscheint ein Jahr später unter dem Titel »Archiv für pathologische Anatomie und Physiologie und für klinische Medizin«, und sie existiert bis heute.

1848 ändern sich das Leben Virchows und die Lage des Landes. Im Februar/März des Jahres reist Virchow als Pathologe nach Oberschlesien, um als Sozialreformer zurückzukehren. Für die dort grassierende Typhus-Epidemie macht er keine organische Ursache, sondern politisches Versagen verantwortlich, das eine tierisch dahinvegetierende Mehrzahl der Bevölkerung zur Folge hat. Virchow kritisiert die Kirchen, beschimpft die Bürokraten, verlacht die Aristokraten und verhöhnt voller Wut die Bourgeoisie, die in den Oberschlesiern keine Menschen mehr sieht, sondern nur noch meint, lebende Maschinen vor sich zu haben, die bei Bedarf auszutauschen sind.

Als Virchow im März 1848 zurück in Berlin ist, steigt er mit auf die Barrikaden, die im Verlauf des revolutionären Jahres errichtet werden, und verteilt hier als Stationsarzt Flugblätter, auf denen Folgendes zu lesen ist: »Soll die Medicin (…) ihre Aufgabe wirklich erfüllen, so muss sie in das große politische und soziale Leben eingreifen, (…) sie muss die Hemmnisse angehen, welche der normalen Erfüllung der Lebensvorgänge im Weg stehen, und ihre Beseitigung erwirken.«

Der Staat nennt das »agitatorische Wahlumtriebe«, und die Verwaltung streicht Virchow die freie Unterkunft an der Charité, ohne die sein Geld für ein Leben in Berlin nicht reicht.

Er wird verbannt und zieht nach Würzburg um, wo man ihn mit offenen Armen empfängt. In Bayern verzichtet Virchow auf politische Aktivitäten, was vielleicht auch mit seiner wachsenden Familie zu tun hat – seine Frau, er hat noch in Berlin geheiratet, bringt im Laufe der Jahre sechs Kinder zur Welt. Wissenschaftlich arbeitet er energisch und so erfolgreich weiter, dass die Hauptstadt ihn 1856 nicht nur zurückruft, sondern darüber hinaus seine besonderen Bedingungen dafür akzeptiert: Virchow verlangt den Neubau eines pathologischen Instituts, eine eigene Krankenabteilung in der Charité und 2000 Taler Jahresgehalt.

Damit sind die Bedingungen für die epochale Schrift *Die Cellularpathologie in ihrer Begründung auf physiologische und pathologische Gewebelehre,* die Virchow 1858 in Berlin vorlegt, erfüllt. In dieser Arbeit werden Körperzellen als Krankheitsherde und Ursachen identifiziert. In einem kühnen Ansatz fasst Virchow nun einen Organismus als »Zellenstaat« auf, und mit dieser Vorgabe entwickeln sich seine gesellschaftlichen Vorstellungen und biologischen Theorien im Wechselspiel, was sich nicht zuletzt an seiner Gleichsetzung sowohl von Zelle und Bürger als auch von Organismus und Staat zeigt. Virchow denkt nicht nur republikanisch, er handelt auch politisch und wird Abgeordneter in der Berliner Stadtverordnetenversammlung, im Landtag und sogar im Reichstag. Er gehört mit zu den Begründern der liberal gesinnten »Deutschen Fortschrittspartei« und gerät in heftige Auseinandersetzungen mit Otto von Bismarck, nachdem dieser das Amt des preußischen Ministerpräsidenten übernommen hat. 1865 greift Virchow Bismarck wegen möglicher Kriegsanleihen so scharf an, dass der Adelsmann Satisfaktion fordert. Virchow lehnt Duelle als alten Hut ab, was ihm zwar den Ruf eines Feiglings einbringt, jedoch ein Segen für die Stadt ist. Schließlich ist er es, der eine erneute Choleraepidemie von 1866 rasch einzudämmen hilft. Virchow initiiert in der Folge den Bau anderer Krankenhäuser neben der Charité, und eines von ihnen besteht bis heute, das nach ihm benannte Rudolf-Virchow-Klinikum im Wedding. Es ist nun Teil der Berliner Universitätsmedizin.

Aus Virchows Leben lassen sich viele Lehren ziehen. Eine hat er 1868 formuliert: »Der Staat, welcher die allgemeine Bildung anstrebt (…) sollte auch die allgemeine Gesundheit anstreben. *Erst Gesundheit, dann Bildung!* Kein Geld ist rentabler angelegt als dasjenige, welches für die Gesundheit aufgewendet wird.« Oder noch einfacher und klarer aus dem Jahre 1852: »Bildung, Wohlstand und Freiheit sind die einzigen Garantien für die dauerhafte Gesundheit eines Volkes.«

»Ich dachte nicht,
ich untersuchte.«

WILHELM CONRAD RÖNTGEN
(1845–1923)

Um 1900 erlebte die Wissenschaft der Physik eine Revolution. Albert Einstein erkannte, dass nicht stimmte, was seine Kollegen seit dem Beginn des 19. Jahrhunderts als unumstößliche Wahrheit verkündeten, dass Licht nämlich eine Welle sei. Einstein zufolge zeigte das Licht auch Eigenschaften, die nur Teilchen haben konnten, und diese Einsicht in den dualen Charakter, der unverkennbar bei den von Wilhelm Conrad Röntgen entdeckten neuen Strahlen spürbar wurde, hielt er für revolutionär. Schließlich wusste man jetzt nicht mehr, was Licht ist. Denn wenn sich etwas zugleich als Welle und Teilchen zeigt, können wir gerade nicht mehr sagen, was es eigentlich (oder wirklich) ist. Einstein hatte die erste Frage im Bereich der Naturwissenschaft entdeckt, die keine Antwort findet, und seitdem ist Licht ein Geheimnis.

Als Wilhelm Conrad Röntgen seine große Entdeckung machte, gab es ein bestimmtes Weltbild, und damals wusste man auch, wer es lieferte, nämlich die Naturwissenschaft. Nach Auffassung von Röntgen und seinen Zeitgenossen konnte die Welt objektiv beschrieben werden, ihre Gesetze waren eindeutig und lückenlos zu ermitteln, die Natur machte keine Sprünge, und jeder Gegenstand galt als darstellbar. Man war sicher, dass die Welt ein Aussehen habe und dass die Wissenschaft dieses herausfinden und in einem Bild zusammenstellen und zeigen könne.

Röntgens Leistung kann auf drei Ebenen analysiert werden – zum Ersten auf der Ebene der Medizin, zum Zweiten auf der Ebene der Wissenschaft allgemein und zum Dritten in der Sphäre des menschlichen Denkens und der Kultur. Deshalb ist es kein Wunder, dass Röntgen die höchste Auszeichnung bekommen hat, die einem Forscher zuteil werden kann, und damit ist nicht der Nobelpreis für Physik gemeint, den er bekanntlich 1901 als erster Wissenschaftler entgegennehmen konnte. Gemeint ist vielmehr die Tatsache, das »röntgen«, kleingeschrieben, zu einem Tätigkeitswort geworden ist. Und dies ist besonders passend bei einem Mann, der auf die Frage eines Reporters, »Was haben Sie denn gedacht, als Sie den durchdringenden Effekt der neuen Art von Strahlen bemerkt haben?«, mit dem klassischen Satz geantwortet hat: »Ich dachte nicht, ich untersuchte.«

Als der aus Lennep, einem Stadtteil von Remscheid stammende Röntgen im Jahre 1895 seine »Neue Art von Strahlen« bemerkte, arbeitete er am physikalischen Institut der Universität Würzburg. Ihr stiftete er das Preisgeld von 50000 Kronen, das mit dem Nobelpreis verbunden war. Er verzichtete auch darauf, seine Beobachtung der Strahlen und ihre Erzeugung mit der von ihm eingesetzten Gasentladungsröhre patentieren zu lassen. Röntgen war der Ansicht, dass seine Ergebnisse der Allgemeinheit gehörten und ihr nicht durch Patente oder Lizenzen vorenthalten werden sollten.

Auf der Ebene der Wissenschaft ist festzuhalten, dass Röntgens Strahlen den Weg zu der Disziplin bereitet haben, die sich heute, als Molekularbiologie, anschickt, das moderne Menschenbild zu bestimmen. Dabei sind zwei Entwicklungen zu beobachten. Zum einen hat die Röntgenstrukturanalyse von Kristallen Einblick in die molekulare Formenvielfalt der Proteine und Nukleinsäuren gewährt und dabei vor allem geholfen, die Ikone des 20. Jahrhunderts anzufertigen, nämlich die Doppelhelix aus der Erbsubstanz DNA. Der Weg zu dieser zentralen Struktur des Lebens wurde dabei zum anderen stark erleichtert durch die Entdeckung aus dem Jahre 1927, dass Röntgenstrahlen für Mutationen im Erbmaterial sorgen können. Was aus heutiger Sicht vielleicht trivial klingt, wurde damals als höchst aufregend empfunden, denn plötzlich verwandelten sich die bislang eher unzugänglichen und im Inneren des Lebens verborgenen Gene in Gebilde, die von Röntgenstrahlen getroffen werden konnten. Gene bekamen damit einen physikalischen Charakter.

Die dritte Ebene, in der Röntgens Strahlen Spuren hinterlassen haben, liefert die Sphäre der menschlichen Kultur. Röntgen hatte unsichtbares Licht gefunden und damit klargemacht, dass die Welt nicht so ist, wie sie aussieht. Damit ändert sich eine grundlegende Aufgabe der Kultur. Denn wer nach dieser Entdeckung die Welt zeigen will, wie sie ist, muss sie folglich anders darstellen, als sie aussieht. Und wer den letzten Satz akzeptiert, wird verstehen, dass sich nach Röntgens Entdeckung die Malerei ändern und abstrakt werden wird. Von den Röntgenstrahlen führt ein direkter Weg in die Kunst, die auf diese historische Weise untrennbar mit der Wissenschaft verbunden ist, auch wenn das die Gegenwart noch lernen muss.

Röntgens Strahlen haben zusätzlich das alte Atom zwar als teilbar erwiesen, aber die Wissenschaft hat in den folgenden Jahren an seine Stelle das neue Atom errichtet und treten lassen, das den Beobachter mit dem Beobachteten zusammenbindet. Die Unteilbarkeit von Welt und Ich – von Subjekt und Objekt – hat in der Geschichte der Physik den für viele kompliziert klingenden Namen der Komplementarität bekommen. Er leitet sich vom lateinischen »completum« ab, das ein Ganzes meint, und stammt von dem dänischen Physiker Niels Bohr, der damit unter anderem ausdrücken wollte, dass man die Natur nur vollständig erfassen kann, wenn man neben der (physikalischen) Kausalität noch andere Wirk- oder Bildungselemente zulässt. Tatsächlich lässt sich Bohr zufolge von den Atomen lernen, dass selbst auf dieser Ebene der Wirklichkeit das Konzept der Gestalt nötig ist, um zu einem Verständnis der Welt zu kommen. Chemische Reaktionen etwa lassen sich nur dann verstehen, wenn die Dauerhaftigkeit der molekularen Formen vorausgesetzt wird, und insgesamt scheint es ratsam, Form- und Kausalfaktoren als komplementäre Aspekte einer Erklärung zusammenzuführen. Beim Werden des Lebens sollte das selbstverständlich sein, bei dem ja zuletzt das Kunstwerk einer menschlichen Gestalt entsteht, dem durch die rein physikalischen Wechselwirkungen von Genprodukten nicht beizukommen ist. Der Mensch ist nicht aufgrund von Kausalität allein zu durchschauen, und der Weg zu dieser Einsicht fängt mit der Beobachtung der Röntgenstrahlen an.

»Die Wissenschaft, richtig verstanden,
heilt den Menschen von seinem Stolz;
denn sie zeigt ihm seine Grenzen.«

ALBERT SCHWEITZER
(1875–1965)

Albert Schweitzer stammt aus dem Elsass, und er ist in Afrika gestorben, genauer in Lambaréné, das in Gabun liegt. Dort hat er 1913 ein Urwaldhospital eingerichtet und viele Jahrzehnte darin praktiziert. Schweitzer war aber mehr als ein Arzt. Er gilt auch als evangelischer Theologe, brillierte als Organist, publizierte über die Musik von Johann Sebastian Bach und engagierte sich als Pazifist, was ihm 1952 den Friedensnobelpreis einbrachte, den er 1954 entgegennehmen konnte. Darüber hinaus hat sich Schweitzer Gedanken über eine zeitgemäße Ethik und die notwendige *Ehrfurcht vor dem Leben* gemacht. So lautet der Titel seines Buches zu diesem Thema, in dem der viel zitierte Satz zu lesen ist: »Ich bin Leben, das leben will, inmitten von Leben, das leben will.« Welcher Lebensweg hat ihn vom Elsass bis nach Gabun geführt?

Nach dem Abitur in Mühlhausen, 1893, studiert Schweitzer Theologie und Philosophie in Straßburg, und in Paris widmet er sich ernsthaft dem Orgelspiel. 1899 legt er eine Schrift über »Die Religionsphilosophie Kants von der Kritik der reinen Vernunft bis zur Religion innerhalb der Grenzen der bloßen Vernunft« vor, mit der er in Straßburg zum Doktor der Philosophie promoviert wird. 1901 entsteht eine »Kritische Darstellung unterschiedlicher neuerer historischer Abendmahlauffassungen«, und mit dieser Arbeit wird er zum Doktor der Theologie promoviert. Der Inhalt dieser Dissertation wird 1913 als Buch unter dem Titel *Geschichte der Leben-Jesu-Forschung* herausgebracht. Schweitzer erkennt dabei in allen Jesus-Entwürfen mehr die Psyche der jeweiligen Verfasser und weniger Einblicke in die Seele des Gottessohnes. Ihm kommt der Mann aus Galiläa eher wie ein Unbekannter vor, der von der gegenwärtigen Zeit neu entdeckt werden muss.

1902 habilitiert sich Schweitzer in Evangelischer Theologie, indem er »Das Messianitäts- und Leidensgeheimnis« analysiert. Er wird jetzt Dozent für Theologie an der Universität Straßburg und arbeitet weiter als Vikar an der dortigen Kirche St. Nicolai.

1905 beginnt der jetzt 30-jährige Schweitzer das Studium der Medizin mit dem Ziel, Missionsarzt zu werden. Er benötigt ein paar Sondergenehmigungen, setzt sich aber durch, und ab 1912 darf er sich Arzt nennen. Im gleichen Jahr wird ihm der Titel »Professor für Theologie« verliehen, und er fertigt seine medizinische Doktorarbeit an. Sie sprengt den gewohnten Rahmen und unternimmt keine Expedition in das Reich der Anatomie. Schweitzer beschreibt vielmehr »Die psychiatrische Beurteilung Jesu: Darstellung und Kritik« und widersetzt sich darin bisherigen Versuchen, die Existenz und das Wirken Jesu auf psychiatrischer Basis zu erfassen. Schweitzer ist jetzt 38 Jahre alt. Er hat in drei Fächern promoviert, hat sich zudem habilitiert, hat eine große Bach-Monografie vorgelegt – *Johann Sebastian Bach*, Leipzig 1908 –, in der er besonders die rhetorische Qualität von Bachs Musik hervorhebt und von »Klangrede« spricht. Und er hat Helene Bresslau geheiratet. Mit all diesen Erfahrungen bricht er nach Gabun auf, um am Ogooué, dem 1200 Kilometer langen Fluss des afrikanischen Landes, das Urwaldhospital Lambaréné zu gründen.

Während er dort den Kranken helfen will, die sonst niemanden haben, bricht in Europa der Erste Weltkrieg aus. Schweitzer und seine Frau werden erst unter Hausarrest gestellt und 1917 nach Frankreich – in die Region bei Bordeaux – überführt, wo beide bis 1918 interniert bleiben. Zwar ist Schweitzer von einer tropischen Anämie und der Arbeit im Urwald erschöpft, aber er erholt sich jetzt und beginnt, *Die Ehrfurcht vor dem Leben* zu schreiben. Nach dem Kriegsende kehrt er erst in das Elsass zurück, um ab 1920 Vorträge über seine Ethik – vor allem in Schweden – zu halten und Orgelkonzerte zu geben, denn er muss Schulden abbezahlen und braucht Geld für die Rückkehr nach Afrika. 1924 ist es so weit, und Schweitzer macht sich daran, sein Urwaldhospital in Lambaréné auszubauen.

Nachdem er 1954 den Friedensnobelpreis angenommen hat, wird er unter anderem von Albert Einstein und Otto Hahn gedrängt, sich gegen die atomare Aufrüstung auszusprechen. Schweitzer zögert zunächst, kennt er sich doch in Atomfragen kaum aus, lernt aber in Briefwechseln unter anderem mit Einstein und Werner Heisenberg dazu und verfasst Appelle gegen »Die Gefahr des Atomkrieges«. Sie machen ihn nicht überall beliebt, und sein Engagement gegen weitere Atomversuche wird in manchen Zeitungen heftig kritisiert. Das einseitige Wagnis, das Schweitzer dem Westen zumute, sei schon ungeheuerlich.

Ende der 1950er-Jahre setzt eine Wendung in der Beurteilung Schweitzers ein. Die bisherige Verehrung weicht einer kritischen Bestandsaufnahme. Vorwürfe werden laut, er habe das Urwaldhospital trotz ausreichend vieler Spenden nicht modernisiert, unhygienische Zustände geduldet und schwarze Angehörige von Erkrankten zu Arbeitseinsätzen verpflichtet. Er sei Afrika gegenüber ein Fremder geblieben und habe sich nur medienwirksam mit fremden Federn geschmückt. Eine 2009 erschienene Biografie des Theologen Nils Ole Oermann erkennt zwar die überragenden Qualitäten und Leistungen Schweitzers an, räumt aber zugleich ein, er sei ein »Meister der Selbstinszenierung« gewesen.

Nach dem Tode Schweitzers wurde das Spital von der »Association Internationale de l'œuvre du Dr. Albert Schweitzer de Lambaréné« (AISL) übernommen, die es von Europa aus leitet. Das heute Albert-Schweitzer-Spital genannte Krankenhaus wurde nach seiner Gründung mehrfach umgebaut, um es den medizinischen und technischen Entwicklungen anzupassen. 1961 bestand das Ärzteteam aus einem Japaner, einem Ungarn, einem US-Amerikaner und zwei Schweizern. Es gab zwölf diplomierte Krankenschwestern und 40 Heilgehilfinnen, die aus Afrika stammten und in Lambaréné ausgebildet worden waren. Im Sinne von Schweitzers Ehrfurcht vor dem Leben werden in 20 Gehegen auch kranke Tiere behandelt.

ERKENNTNISSE AUS MOLEKULARBIOLOGIE UND GENETIK

»Ich habe schon früh entdeckt,
dass man als Wissenschaftler
die Welt stärker verändern
kann als Cäsar. Und während
man das tut, kann man ganz ruhig
in einer Ecke sitzen.«

MAX DELBRÜCK
(1906–1981)

Max Delbrück gilt als Wegbereiter der Molekularbiologie, und er ist 1969 für seine genetischen Arbeiten mit dem Nobelpreis für Physiologie oder Medizin ausgezeichnet worden, wie es in Stockholm korrekt heißt. Delbrück stammt aus Berlin, und in der deutschen Hauptstadt – im Bezirk Grunewald – gibt es eine Delbrückstraße. Sie ist allerdings nicht nach Max, sondern nach seinem Vater Hans Delbrück benannt, der um die Wende zum 20. Jahrhundert ein bekannter Historiker war. Überhaupt zeichneten sich die Delbrücks und ihre Nachbarn als Geisteswissenschaftler – Juristen und Theologen – aus, was den Knaben Max dazu brachte, etwas völlig anderes zu unternehmen, nämlich die Beobachtung der Sterne.

Er wollte Astronom werden und war mit dem Studium dieses Fachs beschäftigt, als er von wundersamen Dingen in der Physik hörte. Nachdem Max Planck im Jahre 1900 die Idee der Quantensprünge vorlegen konnte, hatten seine Kollegen mehr als zwei Jahrzehnte gebraucht, um eine Quantentheorie der Atome auszuarbeiten. Die gab es nun seit der Mitte der 1920er-Jahre, und Max Delbrück war begeistert. Er wechselte das Fach, lernte die neue Physik und promovierte mit einer Arbeit über das Verhalten von Lithium-Atomen. So schön das war und so gut das klappte, Delbrück störte, dass die grundlegende Neuerung der Physik schon stattgefunden hatte und für Nachzügler wie ihn nur Details blieben, die man ausarbeiten konnte. Ihn interessierte mehr die Möglichkeit, etwas ganz Neues zu entwerfen.

Er sah seine Chance, als er Anfang der 1930er-Jahre mehrere Monate als Stipendiat der amerikanischen Rockefeller-Stiftung bei Niels Bohr in Kopenhagen verbringen konnte, der für seine Beiträge zur neuen Theorie der Atome mit dem Nobelpreis für Physik ausgezeichnet worden war. Bohr dachte nicht nur wissenschaftlich, sondern auch philosophisch. Er wies Delbrück darauf hin, dass der Umsturz im Weltbild der Physik nicht zuletzt deshalb gelungen sei, weil es ein ganz einfaches System gab – das Wasserstoffatom mit seinem Elektron, das einsam um einen einzelnen Kernbaustein kreiste –, mit dessen Hilfe sich die Forscher tastend und ratend den neuen Gesetzen nähern konnten. Vielleicht – so meinte Bohr – kämen die Biologie und ihre Bemühungen um die Vererbung erst dann voran, wenn man nicht komplizierte Organismen wie Erbsen, Fliegen oder Heuschrecken analysierte, sondern sich auf einfachere Lebensformen konzentrierte, die sich unkompliziert vermehren können. Vielleicht gebe es so etwas wie das Wasserstoffatom der Genetik, also das einfachste Lebewesen, das nichts anderes machte, als sich zu vermehren.

Delbrück zeigte sich elektrisiert. Ihm stand nun ein großes Ziel vor Augen, und wenn auch noch ein paar Jahre vergehen mussten, bis er dort ankommen sollte, er war jetzt unterwegs. Geholfen hat ihm ein weiteres Stipendium der Rockefeller-Stiftung, die ihm 1937 anbot, in die USA zu gehen, um dort am California Institute of Technology in Pasadena bei Los Angeles mehr über Genetik zu lernen. Hier traf Delbrück auf Biologen, die mit Viren befasst waren, die ihrerseits Bakterien angreifen. Allerdings waren diese Biologen nicht an genetischen Fragen interessiert, sondern wollten wissen, ob Viren Tumoren auslösen können, was zwar ein wichtiges Thema darstellt, damals jedoch nicht wirklich zu fassen war. Delbrück merkte, dass die Viren, die Bakterien fressen und deshalb Bakteriophagen – oder kurz Phagen – heißen, sich als ideal geeignet erwiesen, aus der Genetik eine quantitative Wissenschaft zu machen. In eleganten Experimenten konnte er zunächst zeigen, dass ein Phage ausreicht, um ein Bakterium anzugreifen und aufzulösen, wobei zuletzt eine ganze Schar von Phagen ausschwärmt. Und bei diesen Experimenten traten immer wieder Bakterien auf, die sich den Viren gegenüber als resistent erwiesen. Als Delbrück in Kooperation mit dem italienischen Biophysiker Salvatore Luria dieses Phänomen genauer in Augenschein nahm, stellten die Forscher fest, dass es Mutationen in den Bakterien waren, die zur Resistenz gegenüber den Phagen führten. Und dem Duo entging auch nicht, dass es in der Lage war, die dabei auftretende Mutationsrate exakt zu bestimmen. Delbrück und Luria hatten erkannt, was heute Standardwissen ist und die Molekularbiologie mit ihren Triumphen ermöglicht: Bakterien haben Gene, und deren Mutationshäufigkeit lässt sich genau angeben. Sie hatten ein neues Kapitel der Wissenschaftsgeschichte aufgeschlagen.

Bei allem Erfolg und bei aller Qualität der Forschung: Tief im Herzen zeigte sich Delbrück enttäuscht. Denn die neue Physik der Atome hatte gezeigt, dass es nicht ohne merkwürdige Widersprüche abging, wenn man etwa verstehen will, was Licht ist. Licht zeigte sich einmal als Welle und ein andermal als Teilchen, und diese beiden sich in die Quere kommenden Bilder waren nötig, um das eine Phänomen des Lichts zu verstehen. Delbrück hatte gehofft, dass die Teilung in zwei, also der elementare Vorgang des Lebens, auch zu solchen zugleich gegensätzlichen und einander bedingenden Bildern führen würde. Aber als in den 1950er-Jahren die Doppelhelix als Struktur der Gene vorgeschlagen wurde, schien sich die Genetik in mechanische Modelle aufzulösen. Delbrück wechselte das Fach und versuchte, die Anfänge der Wahrnehmung zu erkunden, wozu er einen kleinen Pilz auswählte, der einzellig lebte und *Phycomyces* hieß. Delbrück faszinierte, wie sich der Winzling an Lichtintensitäten anpassen konnte – er hoffte hier, ein Grundgesetz der Adaption zu finden –, und ihn begeisterte, dass *Phycomyces* Hindernissen ausweichen und um sie herum wachsen konnte, ohne dass sich erkennen ließ, welche Signale er dazu wahrnahm und verarbeitete. Nachdem die Phagen das Wasserstoffatom der Vererbung geworden waren, sollte der Pilz der Phage der Wahrnehmung werden. Diese Hoffnung hat sich nicht erfüllt. Das Leben hat seine Geheimnisse vor Delbrück bewahrt – nicht nur vor ihm.

»Mit den schwierigen Fragen
der Biologie muss man so umgehen,
wie mit den Einkommenssteuern –
man muss alles tun, um ihnen
aus dem Weg zu gehen. Nur Physiker
streben nach der optimalen Lösung.
Biologie ist die Kunst, eine zufriedenstellende
Antwort zu finden. Und zufrieden
ist man, solange alle Enden offen sind.«

SIDNEY BRENNER
(*1927)

Unter seinen Fachkollegen war er längst eine Legende, als sich die Königliche Akademie in Stockholm 2002 endlich dazu durchringen konnte, Sidney Brenner mit dem Nobelpreis für Medizin zu ehren. Der 1927 in Südafrika geborene Molekularbiologe hat die entscheidenden Jahrzehnte in der von ihm mitgeprägten Geschichte der modernen Genetik in Großbritanniens berühmtesten akademischen Stätten – in Oxford und Cambridge – verbracht, um nach dem offiziellen Beginn seines Ruhestandes im Jahre 1992 erst von Berkeley und dann von San Diego aus zur Entwicklung seiner geliebten Wissenschaft beizutragen.

Brenner ist nicht nur für zahlreiche grundlegende Beiträge zur Molekularbiologie berühmt. Er wird auch – vielleicht sogar besonders – wegen seiner unkonventionellen »Weisheiten« gerühmt, die immer wieder gerne zitiert werden. Bekannt ist besonders seine Reg-Dich-nur-nicht-auf-Hypothese (die »Don't Worry Hypothesis«), der zufolge man sich nicht zu sehr von den Beobachtungen ablenken lassen soll, die von einer vorgeschlagenen Idee nicht erklärt werden. Selbst die beste Erklärung erfasst nicht alles auf einmal, sondern nur einen Teil, und auf den gilt es sich zu konzentrieren. Was unverstanden bleibt, fegt man solange unter den Teppich, bis es zu schwierig wird, auf ihm herumzulaufen. Dann holt man alles wieder hervor und fängt von vorne an.

Den Besen, mit dem man die Fragen außer Sichtweite schafft, die noch keine Antwort haben, nennt Brenner »Occam's Broom« – auf Deutsch »Ockhams Besen«. Damit spielt er auf den englischen Franziskaner William of Occam (Wilhelm von Ockham) an, der im 14. Jahrhundert die Ansicht vertrat, dass von all den Erklärungen, die für ein Phänomen vorgelegt werden, diejenige die beste Aussicht auf Nähe zur Wahrheit hat, die am einfachsten ist. Ockham hat empfohlen, an alle Theorien ein Rasiermesser (»Occam's Razor«) anzulegen, um sie von unnötigen Annahmen zu befreien und also zu glätten. Occam's Broom, den Brenner einführt – und den man ruhig Brenners Besen nennen könnte –, macht eher das Gegenteil. Er glättet den Teppich gerade nicht, wenn er das Unerklärte darunterfegt, ermöglicht jedoch den Anblick eines sauberen Zimmers, in dem sich nun leben lässt – bis einen das Knirschen stört, das beim Gang über den Teppich nach und nach unüberhörbar wird. Soll heißen: wenn das Denken den Tatsachen nicht mehr gerecht wird und sich einige Fragen schlicht nicht mehr ausblenden lassen.

Nachdem seit 1953 der molekulare Aufbau der Gene bekannt war, lautete die nächste Frage, wie die Erbmoleküle ihre Funktion erfüllen. Da allgemein akzeptiert wurde, dass in den Genen – genauer: in der Reihenfolge ihrer Bausteine – die biologische Information steckt, mit deren Hilfe andere Moleküle (Proteine) hergestellt werden, stellte sich konkret die Aufgabe herauszufinden, auf welche Weise die genetische Bauanleitung weitergegeben und übertragen wird. Viele Hypothesen schwirrten damals an den Orten herum, wo die junge Garde der Molekularbiologen miteinander diskutierte, und keiner redete dabei mehr als Brenner. Er war bekannt als »der Mann, der dauernd redet«, der aber auch plötzlich und genau wusste, wann er damit aufzuhören hatte, um im Experiment klären zu können, was die Worte allein offenlassen mussten. Berühmt ist der Moment, in dem er zu Besuch in Kalifornien war und ihm an einem Sonntagnachmittag am Strand von Santa Monica im Gespräch mit dem späteren Nobelpreisträger François Jacob aus Paris einfiel, wie ein bislang stets misslungener Versuch, einen Überträger der genetischen Information dingfest zu machen, doch noch klappen könnte. Ohne eine Sekunde zu zögern und so schnell es die Verkehrsregeln erlaubten, sind die beiden Spaziergänger vom Ozean ins Labor gefahren. Unverzüglich und ungeachtet der abendlichen Stunde begannen sie dort mit einem der klassischen Experimente, in dessen Verlauf der Beweis für das Vorhandensein der sogenannten Boten-RNA (messenger RNA oder mRNA) geführt war, so wie sie uns heute aus jedem Lehrbuch der Genetik entgegenschaut.

Die entsprechende Fachpublikation beginnt mit einer Aufzählung von Hypothesen, die in nachfolgend beschriebenen Experimenten entweder als falsch oder als richtig erkannt (falsifiziert oder verifiziert) werden. Brenner und Jacob gehen so systematisch vor, weil sie an die »Logik der Forschung« glauben, die der Philosoph Karl Popper entwickelt hat. Dieser Logik zufolge stellt ein Wissenschaftler erst eine Vermutung auf, die er dann im Experiment zu erhärten oder zu widerlegen versucht. Nach ihrem Erfolg wurde Brenner und Jacob allerdings rasch klar, dass dieses Vorgehen etwas Perverses an sich hat. Schließlich ist es nicht die Aufgabe der Forschung, sich nach philosophischen Vorgaben zu richten. Vielmehr muss sich die Wissenschaftstheorie nach den Vorgaben der Forscher richten. Bald brach Brenner vollends aus dem geschlossenen System aus, das die Logik der Forschung vorsah. Eine 1997 erschienene Sammlung seiner Essays zur Entwicklung und Geschichte der Wissenschaft trägt den Titel *Loose Ends*, und auf die ihm gestellte Frage, welche Organisationsform er denn für die vielen Mitarbeiter in seinem Institut vorgebe, antwortete Brenner mit »Loose gangs«.

Die meisten seiner Mitarbeiter kümmerten sich seit dem Beginn der 1970er-Jahre um die Genetik eines kleinen Wurms, den die Biologen als Nematoden klassifizieren und korrekt mit dem Namen *Caenorhabditis elegans* bezeichnen. C. elegans sollte helfen, mit der Genetik von den Bakterien weg und hin zu Lebensformen mit Nervenzellen zu kommen. Brenner wollte wissen, wie Gene den Plan nicht nur für einzelne Moleküle, sondern auch für die Entwicklung eines Körpers aus vielen Zellen bewerkstelligen, und der Wurm sollte die Antworten liefern. Inzwischen kennt man die Geschichte jeder Einzelnen seiner Zellen und die Sequenz seines genetischen Materials (Genoms). Aber versteht Brenner jetzt, was er zu Beginn seiner Bemühungen um den Wurm wissen wollte? Wenn man ihn danach fragt, lächelt er – aber zufrieden.

*»Ein guter Biologe braucht
ein Gefühl für den Organismus,
den er für seine Forschungen
gewählt hat. Und Organismus –
das hört nicht mit einer Pflanze
oder einem Tier auf. Jede
Komponente des Organismus
hat genau so viel von einem
Organismus an sich wie jeder
weitere Teil.«*

BARBARA MCCLINTOCK
(1902–1990)

In der Nähe der großen Stadt New York – genauer auf der als Long Island bekannten Insel im Osten von Manhattan – liegt ein kleines Dorf namens Cold Spring Harbor, in dem es seit dem späten 19. Jahrhundert ein biologisches Laboratorium gibt. In den Jahren nach 1945 entwickelte sich Cold Spring Harbor zu einem Zentrum für die aufkommende Molekularbiologie; zu den jährlichen Höhepunkten zählten die Symposien für Quantitative Biologie, die es seit den 1930er-Jahren gab. Bei dieser Gelegenheit trafen und treffen sich die Großen der aktuellen Genetik, und im Sommer 1951 bekam Barbara McClintock die Gelegenheit, dort zu sprechen. Sie war eingeladen, über »Die Organisation der Chromosomen und die Aktivität der Gene in Mais« vorzutragen, und wollte dabei vor allem über ihre Entdeckung von den »veränderbaren Loci« in der Pflanze ihrer Wahl erzählen.

Ihr war aufgefallen, dass Gene ihre Orte in einer Zelle wechseln konnten, und sie meinte, »Ursprung und Verhalten« dieser Umschichtungen verstehen zu können, wobei ihr von Anfang an klar zu sein schien, »dass eine Zelle bekam, was eine andere abgeben konnte«.

Barbara McClintock hatte damals seit Jahrzehnten mit Mais gearbeitet und dabei vor allem die Pigmentierung der Körner auf den Maiskolben im Auge gehabt und über mehrere Generationen verfolgt. Sie nahm selbstverständlich an, dass den sichtbaren Farben genetische Faktoren zugrunde liegen. Sie bemerkte aber zugleich, dass es dabei einige Gene oder deren Varianten gab, die sich seltsam verhielten und ihre Plätze – ihre Loci – in den zellulären Strukturen namens Chromosomen verändern konnten, die als Träger des Erbmaterials erkannt worden waren. Barbara McClintock hatte das entdeckt, was die Lehrbücher heute als »springende Gene« und ihre Kontrollelemente vorstellen. Dafür wurde sie 1983 mit dem Nobelpreis für Medizin ausgezeichnet. Doch als sie 1951 in Cold Spring Harbor über ihre Ergebnisse sprach, herrschte im Publikum eisiges Schweigen. Niemand schien zu verstehen, wovon sie redete. Niemand stellte eine Frage, und als sie ihren Vortrag beendet hatte, wurde rasch der nächste Vortragende aufgerufen, und Barbara McClintock war allein.

Sie war an solche Situationen gewöhnt und hat schon früh in ihrem Leben das entwickelt, was sie »the capacity to be alone« genannt hat, also die Fähigkeit, allein zu leben.

Der Autor dieser Zeilen hat in der ersten Hälfte der 1970er-Jahre einige Sommer in Cold Spring Harbor verbracht und dabei auch Barbara McClintock persönlich kennenlernen dürfen. Er konnte dabei ihren Umgang mit der natürlichen Umgebung bestaunen, der sie bei einem Spaziergang durch die Wälder jeden Schritt behutsam setzen ließ. Ich habe selten einen Menschen getroffen, der einen so ausgeglichenen Eindruck wie diese Frau hinterlassen hat. Sie erzählte auch bereitwillig von dem geschilderten Schockerlebnis des Jahres 1951, das sie inzwischen verstehen konnte. In den frühen 1950er-Jahren sammelten die Biologen alle Kräfte, um die molekularen Mechanismen der Vererbung und den Stoff zu fassen, aus dem die Gene sind. Barbara McClintock hat nie geglaubt, dass die Geheimnisse des Lebens oder der Natur in physikalischen Strukturen stecken. Sie hat ihr Leben lang geübt, sich Zeit zu lassen und die Pflanzen, mit denen sie arbeitete, nicht zu zerlegen, sondern ihnen zuzuhören. Sie wollte ein Gefühl für den Organismus entwickeln, und sie meinte, dabei mehr über das Organische lernen zu können, als es die Biochemiker oder Molekulargenetiker mit ihren reduktionistischen Verfahren vermochten.

Wahrscheinlich werden beide Ansätze benötigt, um das sich entfaltende Leben möglichst umfassend zu begreifen, wobei es vielen Molekularbiologen bis heute schwerfällt, in dem genetischen Material einer Zelle mehr als nur eine Ansammlung von Informationen zu sehen, die von einer raffinierten Maschinerie gelesen und umgesetzt wird. Das zentrale Wort der Gegenwart lautet dabei Genom, und es meint das gesamte genetische Material einer Zelle und damit eines Lebewesens. Barbara McClintock hat immer zur Vorsicht geraten, es sich bei der Betrachtung des Genoms zu leicht zu machen. In ihrer Auffassung, vorgestellt 1983 in der Rede, die sie im Rahmen der Nobelpreisverleihung hielt, hat sie gesagt: »The genome is a highly sensitive organ of the cell, monitoring genomic activities and correcting common errors, sensing the unusual and unexpected events, and responding to them.« Oder auf Deutsch:

»Das Genom ist ein hoch sensitives Organ der Zelle, das zum einen die genomischen Aktivitäten überwacht und die gewöhnlichen Fehler korrigiert, und das zum anderen ungewohnte Ereignisse wahrnimmt und auf sie reagiert.«

Tatsächlich scheint es nicht einfach so zu sein, dass eine Zelle ihr Leben und ihre Aktivitäten mit einem gegebenen genetischen Material beginnt und dann einfach weitermacht. Vielmehr scheinen viele Reaktionen von Zellen darauf abzuzielen, das Genom herzustellen und zu stabilisieren, das die Bausteine des Lebens und der Organismen benötigen. Es ist eine zirkuläre Dynamik, bei der die Gene das zelluläre Leben und das dazugehörige molekulare Geschehen hervorbringen und in Schwung halten.

Es erscheint merkwürdig, dass eine Person, die derart souverän das Ganze des lebendigen Geschehens überblickt und dessen Wechselwirkungen verstanden hat, ihr persönliches Leben lang allein geblieben ist. Ihre Mutter hatte ihr von frühester Kindheit an beigebracht, sich allein mit den verfügbaren Spielsachen zu beschäftigen. Obwohl sie im Rahmen ihrer wissenschaftlichen Arbeiten vielen Menschen begegnete, fühlte sie »nie die Notwendigkeit, mit irgendjemandem eine persönliche Verbindung einzugehen. Ich habe mich einfach nie danach gefühlt«, wie sie ihrer Biografin erzählt hat. »Ich konnte nie verstehen, was Heirat sein sollte. Ich weiß noch nicht einmal … Ich habe nie die Erfahrung gemacht, so etwas zu brauchen.«

*»Wenn du der klügste Mensch
in einem Zimmer bist, dann bist
du im falschen Zimmer.«*

JAMES D. WATSON
(*1928)

James D. Watson hat auf mehreren Gebieten nicht nur herausragende Leistungen zustande gebracht, sondern Triumphe feiern können, und vermutlich gibt es keinen Wissenschaftler, der mehr Einfluss auf die Richtung gehabt hat, in der die modernen Lebenswissenschaften in Form einer Molekularbiologie unterwegs sind. Und doch zögern viele Kenner der Szene, ihm uneingeschränkt Lob und Verehrung zu zollen, denn in vielem, was er sagt, schießt er gerne provozierend über das Ziel hinaus. So hat er einmal in einem Zeitungsinterview angemerkt: »Früher haben die Menschen geglaubt, dass ihr Schicksal in den Sternen liegt. Heute wissen wir, dass unser Schicksal in den Genen steckt.« Und dieses Schicksal möchte er in die Hände von Menschen legen. Denn: »Wenn es möglich ist, Menschen dadurch zu helfen, dass man ihnen bessere Gene gibt, warum sollen wir das nicht versuchen?«

Wenn Watson so etwas sagt, weiß er, dass eine große Entrüstung folgt. Doch sie ficht ihn nicht an. Er hat so viel im Leben angepackt und erreicht, dass er jetzt im hohen Alter keine Angst mehr haben muss, irgendwo zu scheitern. Es lohnt ein Blick auf einige Schritte seines steilen und erstaunlichen Lebensweges, wobei alles in den frühen 1950er-Jahren seinen Anfang nimmt. Der aus Chicago stammende 25-jährige Watson hält sich damals im britischen Cambridge auf, weil er von Fragen der Art fasziniert ist, was ein Gen ist und wie Gene aussehen. Die Suche nach dem Laboratorium, in dem es Wissenschaftler gibt, mit denen er sich zusammen dem Geheimnis der Gene und des Lebens widmen kann, hat ihn auf den Engländer Francis Crick treffen lassen, und den beiden gelingt Anfang 1953 der große Coup, als sie die heute legendäre Struktur des Erbmaterials beschreiben und vorstellen: die Doppelhelix aus DNA.

Von nun an wird überall auf der Welt versucht, das Leben von dieser molekularen Schraube aus und mit seiner Hilfe zu verstehen, und Watson weiß, wie er am besten dazu beiträgt. Nach dem Triumph mit der Doppelhelix kann die Forschung selbst nur weniger ergiebig werden, und so konzentriert er sich auf die Lehre. Er wird Professor in Harvard und schreibt das erste und wohl immer noch berühmteste Lehrbuch der neuen Molekularbiologie – *The Molecular Biology of the Gene* –, das bis in unsere Tage hinein immer neue Auflagen erlebt, wobei es inzwischen ein ganzes Autorenteam ist, das sich um den Stoff kümmert. Schließlich »gibt es heute keinen Molekularbiologen mehr, der alles über das Gen weiß«, wie Watson bereits in den Ausgaben der 1980er-Jahre schreibt.

Nach dem Erfolg mit dem Lehrbuch – und mit dem Nobelpreis für Medizin in der Tasche – fühlt sich Watson ermutigt, sich als Schriftsteller zu versuchen, und zu seinem 40. Geburtstag erscheint sein biografischer Bestseller *Die Doppelhelix*, der nicht lange nach Erscheinen von der BBC verfilmt wird.

Watsons glänzende und zugleich respektlose Darstellung des Forschungsalltags mit all seiner unerbittlichen Konkurrenz ist längst zu einem klassischen Text geworden. Selbst Schriftsteller schätzen ihn so hoch ein, dass viele sich nicht wundern würden, wenn Watson auch dafür einen Nobelpreis bekommen würde – den für Literatur nämlich.

Von seinen Kritikern wird Watson gern vorgeworfen, er sei nur an Ruhm und Geld interessiert, und sie schienen recht zu bekommen, als Watson vor ein paar Jahren seine mit dem Nobelpreis verbundene Medaille zur Versteigerung freigab. Ein russischer Verehrer von Watson hat das gute Stück für viel Geld erworben – und danach seinem Helden zurückgegeben. Nun war es an Watson, einmal sprachlos zu sein.

Zurück zu dem trickreichen Forscher, dem akademischen Lehrer und dem erfolgreichen Schriftsteller, die in den späten 1960er-Jahren alle Platz machen für den Organisator und Direktor Watson, der seine Professur an der berühmten Harvard Universität aufgibt, um die Leitung des im 19. Jahrhundert gegründeten und damals vor sich hin dümpelnden Cold Spring Harbor Laboratoriums auf Long Island bei New York zu übernehmen. Er schafft es in den folgenden Jahren, aus dem ruhigen Nest der Wissenschaft eine der weltweit am besten angesehenen Institutionen in der Bioforschung zu machen. Dank zahlreicher Initiativen gelingt es ihm, das Forschungsbudget von anfänglich 200 000 auf zuletzt weit über 10 000 000 Dollar zu steigern, ohne dass ein Ende abzusehen wäre.

Eines seiner großen Ziele besteht in den 1970er-Jahren darin, den Krebs besiegen zu können, was mit der florierenden Molekularbiologie und den damals reichlich fließenden Fördermitteln ziemlich realistisch erscheint. Doch die Forschung kommt nicht so weit wie erhofft voran.

Die Gelder, die Watson für sein geliebtes Cold Spring Harbor Laboratorium einsammeln kann, stammen dabei unter anderem von den reichen New Yorker Geschäftsleuten, die ihre Sommerhäuser auf Long Island haben. Watson wird nicht müde, ihre Clubs und Dinnerpartys zu besuchen, und spricht seine Gönner dabei gern in nuschelndem Tonfall, mit ungekämmten Haaren und offenen Schuhbändern an – was in den feinen Kreisen gut ankommt, weil sie darin ein Anzeichen von Genialität erblicken.

Zwischen 1989 und 1992 übernimmt Watson in einem weiteren Karriereschritt neben seiner Aufgabe als Direktor von Cold Spring Harbor noch die Leitung des »Human Genome Project«, das man sich als »Expedition an das Ende der Anatomie« vorstellen kann. Deren Ziel ist die vollständige Kenntnis der genetischen Information einer menschlichen Zelle.

Watson hoffte, dass mit dem Abschluss des Unternehmens aus der Molekularbiologie der Gene eine Molekularbiologie des Menschen entstehen würde, die er sich so sehr wünschte. Es wird noch dauern, bis man so weit ist, aber es muss ihn stolz gemacht haben, dass er ein halbes Jahrhundert nach seiner Präsentation der Doppelhelix aus DNA die komplette Sequenz der daraus bestehenden Erbanlagen eines Menschen vor sich hatte.

*»Was einen wirklich interessiert,
ist das, worüber man plaudert.
Ohne zu zögern wandte ich den
Test auf die Gespräche an, die
ich in letzter Zeit geführt hatte.
Und binnen kurzem konnte
ich meine Interessen einengen.«*

FRANCIS CRICK
(1916–2004)

Francis Harry Compton Crick kommt am 8. Juni 1916 und damit mitten in den Wirren des Ersten Weltkriegs zur Welt, und zwar in Mittelengland als Mitglied der Mittelschicht. Seine ihm offenbar angeborene Neugier und seine daraus resultierenden ständigen Fragen nach dem Warum haben seine Eltern früh veranlasst, ihm eine Kinderenzyklopädie zu kaufen, dessen naturkundlichen Teil der Junge verschlang. So beschloss Crick schon in sehr zartem Alter, »Wissenschaftler zu werden«, wie er in seiner Autobiografie mitteilt. Der heranwachsende Francis gewinnt dabei früh eine unerschütterliche Gewissheit, an der er sein Leben lang festhält, nämlich die, »dass detailliertes wissenschaftliches Wissen bestimmte religiöse Glaubenssätze unhaltbar macht«.

Cricks berufliche Karriere beginnt mit dem Erwerb eines Diploms in Physik und wird dann durch den Zweiten Weltkrieg unterbrochen, den er auf Zivildienststellen im Dienste der britischen Marine in London und an der Südküste Englands verbringt. Nach 1945 hat Crick keine spezifischen Pläne für die Zukunft. Der bald 30-Jährige, der verheiratet ist und ein Kind zu versorgen hat, weiß nur, dass er wissenschaftlich arbeiten will. Er hält es deshalb für sinnvoll, sich selbst die Frage vorzulegen, welches Thema ihn so sehr interessiert, dass er sein Leben damit verbringen will. Ein schwieriges Unterfangen, für das er eines Tages einen überraschend einfachen Lösungsweg findet. Crick entdeckt den Plauder-Test (»gossip test«), wie er es nennt. Mit anderen Worten: Er achtet nun darauf, über welche Themen er sich am liebsten unterhält. Es sind zwei Themen (die ihn sein Leben lang beschäftigen werden): das Grenzgebiet zwischen belebter und unbelebter Materie, das heute als Molekularbiologie bezeichnet wird, und das Gehirn.

Zunächst geht es ihm um die Frage »Was ist Leben?«. Crick glaubt, sie am ehrwürdigen Cavendish-Laboratorium in Cambridge beantworten zu können. Hier sollte mithilfe von Röntgenstrahlen versucht werden, die Struktur der riesigen Zellmoleküle zu analysieren, die für den Stoffwechsel des Lebens verantwortlich sind.

Crick findet Platz in diesem Projekt, und von 1950 an kann er dort unter der Leitung von Max Perutz und John Kendrew arbeiten. Er sieht sofort, dass eines der Schlüsselprobleme darin besteht zu erklären, wie die katalytisch tätigen Makromoleküle synthetisiert werden. Zugleich weiß er, welche Voraussetzung notwendig ist, um dieses Rätsel zu lösen. Seit den 1940er-Jahren war bekannt, dass die komplizierten Proteine nur dann in einer Zelle bereitstehen und ihre katalytische Wirkung ausüben, wenn diese Zelle über geeignete Gene für sie verfügt. Ein Gen macht ein Protein, so zeigten die Experimente und so lautete die Hypothese. Sie sagte vielen Zeitgenossen zwar wenig, wird von Crick jedoch sofort akzeptiert und weiterverfolgt, mit der Konsequenz, dass er nun seine Konzentration umlenkt und auf die Gene und ihre Struktur richtet. Da offenbar sie es sind, die für die Synthese der Proteine sorgen, gilt es logischerweise zunächst herauszufinden, wie die Moleküle gebaut sind, aus denen die Gene bestehen. Den Namen des Stoffes kennt man schon, nämlich DNA.

Bald trifft mit James Watson ein zweiter Wissenschaftler in Cambridge ein, der die Struktur von DNA herausfinden will. Die Zusammenarbeit zwischen den beiden beginnt mit einer endlosen Folge von Diskussionen, die andere Mitarbeiter des Laboratoriums derart nerven, dass man beschließt, ihnen ein gemeinsames Büro zu geben, »damit ihr diskutieren könnt, ohne die anderen zu stören«, wie halb offiziell mitgeteilt wird. Eine glückliche Entscheidung der Institutsführung, wie bald die ganze Welt feststellen sollte.

Mit dem Paar Watson und Crick betritt ein neuer Forschertypus die Bühne der Wissenschaft. Die beiden verkriechen sich nicht länger hinter methodischen Einzelheiten ihrer Disziplin, sondern geben erstens offen zu, dass sie auf die Hilfe anderer Forscher angewiesen sind (Stichwort: Teamwork), und wissen zweitens, dass sie die bewährten alten durch neue Tugenden ersetzen müssen. Während man früher alles selbst machte, sein Gebiet fehlerfrei beherrschte und stets höchste Sorgfalt walten ließ, bemühen sich Watson und Crick vor allem darum, die Ergebnisse der anderen kennenzulernen; sie riskieren es darüber hinaus, dauernd Fehler zu machen und sich zu blamieren; sie nehmen weiter in Kauf, mit ihren Vorschlägen kläglich zu scheitern, aber sie versuchen trotz allem, die Vorteile ihres sowohl verschwommenen als auch zielstrebigen Denkens zu nutzen, um das Glück zu erwischen, von dem sie hoffen, dass es sich dem vorbereiteten Geist anbietet, wie es im Februar 1953 der Fall ist. In diesem Monat passen alle ihre Überlegungen zusammen und kommen alle Mühen an ihr triumphales Ende. Watson und Crick präsentieren der Welt die Struktur des Erbmaterials in Form der längst weltberühmten Doppelhelix aus DNA, die so schön ist, dass die beiden das Gefühl bekommen, das Geheimnis des Lebens in Händen zu halten.

In den Jahren nach der Doppelhelix läuft Crick zu Hochform auf. Er entwickelt sich zum großen spekulierenden Theoretiker der Molekularbiologie, der sich Schritt für Schritt an sein übergeordnetes Ziel heranarbeitet, die Synthese von Proteinen zu verstehen. Nachdem die klassische Form der Molekularbiologie mit der Entschlüsselung des genetischen Codes in den 1960er-Jahren ihren Abschluss erreicht, wendet er sich dem Gehirn zu. Er marschiert direkt auf sein Zentralthema Bewusstsein zu und formuliert eine »erstaunliche Hypothese«. Ihr zufolge soll das Bewusstsein wie die menschliche Seele umfassend aus molekularen Strukturen und ihren Wechselwirkungen ableitbar und verständlich sein. Crick zweifelt nicht daran, dass in Zukunft eine Molekularpsychologie oder gar eine Molekularneurophilosophie entstehen wird, so wie ja auch einmal eine Molekularbiologie entstanden ist. Und mit dieser neuen Wissenschaft – und nur mit ihr – können wir zuletzt unser Gehirn verstehen. Es wird noch dauern, bis es so weit ist.

*»Ein seltsamer Aspekt
der Evolutionstheorie ist,
dass jedermann sie zu
verstehen meint.«*

JACQUES MONOD
(1910–1976)

In den 1960er-Jahren triumphierte die Molekularbiologie, mit der sich verstehen ließ, wie die Lebensvorgänge abliefen und wie sie an der genetischen Leine gehalten wurden. Zu den wichtigen Beiträgen aus dieser Zeit gehören die Arbeiten von Jacques Monod, der in Paris arbeitete und gemeinsam mit François Jacob wesentlich dazu beitrug, die Regulation von Genen zu verstehen. Die neuen biologischen Wissenschaften kamen derart erfolgreich voran, dass ihre Vertreter am Ende der 1960er-Jahre meinten, das Ende der Fahnenstange erreicht zu haben.

Natürlich stand man am Ende der 1960er-Jahre erst am Beginn dieser Aufgabe, wie man heute weiß, dennoch wähnten sich viele führende Molekularbiologen damals kurz vor dem Ziel eines genetischen Verständnisses des Lebens. Für die Zukunft erwarteten sie jedenfalls keine wesentlichen gedanklichen Neuerungen mehr. Mit dem Dogma der Molekularbiologie, dem genetischen Code und dem Mechanismus der Genregulation schien »die fundamentale Basis der Biologie« bekannt zu sein, wie Monod 1972 in seinem Buch *Zufall und Notwendigkeit* schrieb, das ein Bestseller wurde und damit sehr viel Einfluss auf das öffentliche Verständnis der neuen molekularen Genetik ausübte.

Monod benannte die Basis im Detail: Sie bestand aus der DNA, dem Code, dem Dogma und der kontrollierten Regulation, etwa als Feedback, und selbst wenn man durch geeignetes Kombinieren dieser Elemente »niemals in der Lage sein werde, das Ganze der Biosphäre vorzuführen und vorherzusagen«, so

Monod, stelle die Basis »trotzdem eine allgemeine Theorie der lebenden Systeme dar«, mit der man zufrieden sein könne.

Monod traf mit seinem Buch einen Nerv der Zeit, die endlich verstehen wollte, wohin die Molekularbiologie führen könne. Als guter französischer Rationalist nutzte Monod die Gelegenheit, mit den reduktionistischen Einsichten in das Leben Abschied von Gott zu nehmen und die Menschen als am Rande des Universums umherschwirrende »Zigeuner«, von keinem gütigen Gott behütete Wesen zu beschreiben. In den frühen 1970er-Jahren schaffte er es, mit diesen Thesen als Philosoph der neuen Biologie betrachtet zu werden. Und da er als Sohn eines französischen Malers und einer amerikanischen Künstlerin zudem über eine interessante Herkunft und ein blendendes Aussehen verfügte, stieg der Biochemiker Monod zu einer Art Star der neuen Genetik auf. Als Monod von einer unheilbaren Krebserkrankung erfuhr, verzweifelte er nicht, sondern lud Freunde zu einer großen Abschiedsparty nach Cannes ein, was seinen Heroenstatus weiter verklärte.

Um seine Ansicht zu betonen, dass mit den damals gewonnenen Kenntnissen so etwas wie ein Abschluss der Biologie erreicht worden sei, prägte Monod den zwar hübschen, aber oft missverstandenen Satz, »Was für Bakterien gilt, muss auch für Elefanten gelten«, wobei das Missverständnis im Nichterkennen der Ironie liegt, mit der Monod seine Bemerkung verziert hat und die nur Experten unmittelbar als Wortspiel deutlich wird. Korrekt und konkret hat Monod von den Bakterien gesprochen, die unter anderem zu unserer Darmflora gehören und auf den Namen *Escherichia coli* hören, was im Allgemeinen als *E. coli* abgekürzt wird. Die Molekularbiologen aus Monods Generation hatten im Grunde nur mit *E. coli* und seinen Phagen gearbeitet, und ihre beste Chance, auch den Rest der Welt von diesem Modell aus zu verstehen, lag in der Erfüllung der Hoffnung, die Monod so ausdrückte: »Was für E. coli gilt, muss auch für E. lefant gelten.«

Wie ernst oder ironisch der Satz auch gemeint war – er saß auf jeden Fall und drückte aus, was viele dachten. »That was the Molecular Biology that was«, hieß dann 1968 der erste Rückblick in einem Aufsatz für die Zeitschrift *Science*, der Entstehung und Höhepunkt der Molekulargenetik schilderte. Dessen Verfasser, Gunther Stent, meinte offenbar, es sei bereits möglich, ihre abschließende Geschichte zu schreiben. Das optimistische Motto hatte Crick 1962 ausgegeben, als ihm zusammen mit Watson der Nobelpreis übergeben wurde. In seiner Dankesrede sagte er: »Wir kommen an das Ende eines Zeitalters in der Molekularbiologie. Wenn die Entdeckung der DNA-Struktur das Ende des Anfangs war, dann ist die Entdeckung des genetischen Codes der Anfang des Endes.«

Zehn Jahre später schien auch dieser Anfang zu Ende, die Molekularbiologie hatte offenbar ihre Schuldigkeit getan. Doch nur ein Jahr später – im November 1973 – sah alles schon wieder ganz anders aus. Die Gentechnik setzte einen neuen Anfang, der bis heute kein Ende erkennen lässt. Im Gegenteil!

Noch einmal zurück zu *Zufall und Notwendigkeit*: Monod versucht in diesem Buch, »Fachdisziplin in dem Gesamtzusammenhang der modernen Kultur zu sehen« und solche Kenntnisse aus ihr zu gewinnen, »die für die Menschheit wichtig sein könnten«. Dabei fällt ihm vor allem ein, was bereits zitiert wurde, dass sich seine Mitmenschen »als Zigeuner am Rand des Universums« charakterisieren lassen – wobei Monod tatsächlich den Anschein zu erwecken versucht, diese Verurteilung folge unweigerlich aus dem, was seine Wissenschaft über das Leben im Allgemeinen und das des Menschen im Besonderen herausgefunden habe.

Es ist klar, dass Monod nicht vorhatte, bescheidene Thesen in die Welt zu setzen. Als er seine knochentrockenen und wenig trostreichen Ansichten zum ersten Mal im Jahre 1967 vorstellte – er war in das Pariser Collège de France aufgenommen worden und durfte eine Antrittsvorlesung halten –, entsetzte sich der bekennende Katholik und Nobelpreisträger für Literatur, der Romancier François Mauriac, indem er ausrief: »Was dieser Professor sagt, ist noch viel unglaublicher als das, was wir anderen armen Christen glauben« – wobei es dem Autor dieser Zeilen an dieser Stelle erlaubt zu sein scheint, an den etwas kecken und bekannten Satz Theodor W. Adornos aus *Minima Moralia* zu denken: »Wahr sind nur Gedanken, die sich selber nicht verstehen.«

*»Wissen ist das wirksamste Mittel,
das der Mensch gefunden hat, um
neben Gott bestehen zu können.«*

FRANÇOIS JACOB
(1920–2013)

Wenn François Jacob gut gelaunt war, erzählte er gerne die Geschichte von General Charles de Gaulle, der 1958 ein Komitee von zwölf Weisen einberufen hat, um jedem der dort versammelten Wissenschaftler fünf Minuten Zeit für einen Vorschlag zu geben, was für die Zukunft im Allgemeinen und Frankreich im Besonderen am meisten nottue. Als die konzentrierte Stunde um war, meinte de Gaulle, als Mann des Militärs verstünde er wohl nie, was es mit der neuen Biologie auf sich habe. Aber ihm komme es so vor, als könne man damit eine neue Medizin begründen, die Medizin des 21. Jahrhunderts.

Jacob wunderte sich bis in sein hohes Alter hinein, wie der General zu dieser Weitsicht kommen konnte, und zwar vor allem deshalb, weil die Biologen selbst in den 1950er-Jahren kaum mehr als die Struktur des Erbmaterials zuverlässig kannten und bestenfalls ahnten, wie eine Zelle die darin gespeicherten Informationen nutzen konnte. Für die Geschichte der Molekularbiologie stellt das Ende der 1950er-Jahre den Beginn einer ungeheuer spannenden Zeit dar, und der im Zweiten Weltkrieg durch einen Bombensplitter erheblich verletzte Jacob gehörte zu den Akteuren mit den besten Ideen. Er hatte nach 1945 im Schnellverfahren Medizin studiert, ohne danach eine befriedigende Arbeit zu finden, bis er eines Tages von den Entwicklungen der Genetik hörte, die sich neuerdings mit Bakterien beschäftigte. Er erfuhr, dass es am Institut Pasteur eine Gruppe gab, die sich daran versuchte. Nach zuerst vergeblichen Vorstellungsversuchen ergatterte er zuletzt doch eine Anstellung, und in deren Rahmen wurde die heute legendäre Zusammenarbeit mit Jacques Monod möglich. Sie bescherte beiden – zusammen mit André Lwoff – den Nobelpreis für Medizin des Jahres 1965, weil sie herausgefunden hatten, wie Gene nicht nur in einer Zelle benutzt werden, sondern wie diese Verwendung sorgfältig gesteuert und kontrolliert wird. Das Stichwort heißt Genregulation, und was Monod und Jacob dabei erkannt haben, steht nicht nur unter ihrem Namen in jedem Lehrbuch der Biologie, es gehört auch zu dem stolzen Korpus des Wissens, den Historiker gerne als »Klassische Molekularbiologie« bezeichnen. Damit soll die Phase der Biowissenschaft, die es vor der Gentechnik gab, unterschieden werden von der Phase, die nach der Gentechnik möglich wurde, also in den 70er-Jahren des 20. Jahrhunderts.

Tatsächlich breitete sich vor 1970 unter den Molekularbiologen so etwas wie eine Endzeitstimmung aus. Man hatte das Gefühl – vor allem nach Monods und Jacobs Beiträgen –, bereits verstanden zu haben, wie die Genetik im Prinzip funktionierte, und wie viele seiner Kollegen war auch Jacob bereit, sich neuen Aufgaben zuzuwenden. Als aktiver Wissenschaftler konzentrierte er sich auf die Frage, wie Krebswachstum entstehen kann. Jacob vermutete, dass eine eher unscheinbare Entdeckung von André Lwoff – also des Mannes, der ihn vor vielen Jahren am Institut Pasteur eingestellt hatte und der mit ihm zusammen in Stockholm zu Ehren gekommen war – den Schlüssel zum Verständnis von Tumoren enthielt. Lwoff hatte bemerkt, dass es Gene gibt, die sich im genetischen Material verstecken können und erst zum Leben erwachen, wenn sie ein geeignetes Signal empfangen. Kann es nicht sein – so überlegte Jacob –, dass wir die krebsauslösenden Gene mit uns herumtragen, bis sie – etwa durch Umweltgifte – aktiviert und gefährlich werden?

Was man heute darüber erkannt hat, zeigt, dass Jacobs Grundgedanke in die richtige Richtung weist, die hier aber nicht weiter beschritten werden soll. Denn mit den Erfolgen der klassischen Epoche der Molekularbiologie vor Augen kam in Jacob der Gedanke auf, eine Geschichte der Genetik zu schreiben, um etwa zu verstehen, warum es so lange gedauert hat, bis Menschen sich wissenschaftlich um die Vererbung gekümmert haben. Wie hat man die Idee einer unerklärlich bleibenden Zeugung von Leben gegen die Vorstellung seiner erklärbaren Reproduktion tauschen können? Herausgekommen ist ein fantastisches Buch mit dem Titel *Die Logik des Lebenden*, das Jacob neben dem »Homme de science«, der er schon war, auch als »Homme des lettres« erkennen ließ.

Der französischen Originalausgabe von 1970 sind in fast regelmäßigen Abständen drei weitere Bücher von Jacob gefolgt, die alle das Etikett verdienen, das er seiner Wissenschaft verschafft hat, nämlich »klassisch«. 1981 erklärt Jacob in seinem *Spiel der Möglichkeiten*, wie man wirklich denken muss, wenn man den Gedanken der Evolution mit dem Wissen der Molekularbiologie verbinden will. Und 1987 erscheint seine Autobiografie, in der er unter dem Titel *Die innere Statue* nicht nur das Kunststück fertigbringt, die spannendsten Texte über die langweiligste Zeit seines Lebens zu schreiben – also die Zeit, in der er als junger Kerl schwer verletzt im Spital liegt und nicht weiß, was er nach der Genesung machen soll –, sondern in der er den Leser auch dadurch überrascht, dass er ihn auf die Nachtseite der Wissenschaft zieht und ihm den Prozess des Entdeckens zeigt.

Jacob erzählt, wie ihm der Gedanke gekommen ist, der all die Experimente erklärbar machte, die ihm später den Nobelpreis eingebracht haben. Es war an einem öden Sommernachmittag, als es in ihm zu denken anfängt. Er sitzt in einem zufällig ausgewählten Film und lehnt sich entspannt in den Sitz zurück. Eines der vielen Bilder auf der Leinwand muss seine Gedanken angestoßen haben, die nun ganz von selbst laufen und ihm ein neues Bild liefern, mit dem er seine Versuche verstehen kann. Jacob ahnt dabei, dass künstlerische und wissenschaftliche Kreativität aus einer Quelle kommen und ein Ziel haben, nämlich ein Bild von der Welt zu malen, wie er schreibt. »So wenig wie die Kunst kopiert die Wissenschaft die Natur. Sie erschafft sie neu«, wie er in seinem letzten Buch, *Die Maus, die Fliege und der Mensch* von 1997, emphatisch wiederholt. Jacob hat sicher gewusst, dass dies der entscheidende Gedanke der deutschen Romantik ist. Schön, dass sie durch ihn in Paris aufleben konnte.

NOCH MEHR ERKENNTNISSE

»Es ist fast unmöglich,
die Fackel der Wahrheit
durchs Gedränge zu tragen,
ohne jemandem den Bart
zu sengen.«

GEORG CHRISTOPH LICHTENBERG
(1742–1799)

Georg Christoph Lichtenberg wird als der erste große Aphoristiker in Deutschland verehrt, obwohl er seiner beruflichen Provenienz nach eigentlich Mathematiker und Physiker war. Bereits das Studium hatte den als 17. Kind eines protestantischen Pfarrers in Oberramstadt bei Darmstadt geborenen Lichtenberg nach Göttingen geführt, wo er ab 1780 Ordinarius für Physik wurde und bis zu seinem Tode lebte. Ein unglücklicher Sturz im Kindesalter ließ den Gelehrten kleinwüchsig bleiben, wobei ihm zusätzlich ein Buckel wuchs. Trotzdem konnte er dank seiner Qualitäten von den Zeitgenossen hören, »der witzigste Kopf Deutschlands« zu sein, was er den vielen literarischen Anmerkungen verdankte, die ihn zum Chronisten seiner Zeit werden ließen. Seit 1778 redigierte er ein »Göttinger Magazin«, in dem er sich in vielen Schriften als erfolgreicher Satiriker in Zeiten der deutschen Aufklärung präsentierte und unermüdlich gegen Aberglauben, Intoleranz und falsche Moral zu Felde zog. In sogenannten *Sudelbüchern* – also Schmierheften – notierte er viele Beobachtungen und Einfälle, die sämtlich erst nach seinem Tode publiziert wurden. Einige sind zeitlos gültig, zum Beispiel die folgende Anmerkung (mit der Zeichensetzung des Originals):

»Ein Buch ist ein Spiegel, wenn ein Affe hineinguckt, so kann kein Apostel heraus sehen. Wir haben keine Worte mit den Dummen von Weisheit zu sprechen. Der ist schon weise der den Weisen versteht.« Oder: »Wer zwei paar Hosen hat, mache eines zu Geld und schaffe sich dieses Buch an.«

Lichtenbergs Ruf unter Zeitgenossen beruht aber nicht nur auf seinen literarischen Hervorbringungen, sondern auch auf dem, was er in »seiner Hauptwissenschaft, der Physik« erreicht hat. Er galt damals als der in Deutschland am höchsten angesehene Professor für Naturlehre, Astronomie und Mathematik. Besonderen Ruhm heimste er als Entdecker von aufsehenerregenden »Lichtenbergschen Staubfiguren« ein, von denen die Wissenschaftler und er selbst hofften, sie würden das Verständnis der Elektrizität erschließen. Von dieser war zunächst kaum mehr bekannt, als dass es zwei verschiedene Ladungen gab, für die Lichtenberg vorgeschlagen hatte, sie als + und als – zu bezeichnen. Lichtenberg hatte die Figuren 1777 bemerkt, nachdem er sich zuvor über die dicke Staubschicht geärgert hatte, die sich auf einem Elektrophor breitgemacht hatte. Als Elektrophor bezeichnete man Maschinen, die in der Lage waren, die beiden elektrischen Ladungen zu trennen, und dabei hohe Spannungen erzeugten. An dem Gerät galt es, eine Menge abzuhobeln und zu glätten, und als Lichtenberg damit beschäftigt war, entstanden in dem Staub plötzlich mannigfaltige Gestalten – »kleine Sterne, ganze Milchstraßen und größere Sonnen, daneben Strahlen, kleine Ästchen und kleine Wolken«, wie Lichtenberg begeistert notierte, um die Figuren mit der »erhabenen Arbeit« eines Künstlers zu vergleichen.

Wissenschaftlich gesehen lag das Besondere der Beobachtung darin, dass sich mit den Figuren die unsichtbare Elektrizität sichtbar machen ließ, wobei Lichtenberg auffiel, dass sich positive Ladungen in sternförmigen und negative Ladungen in runden Gestalten niederschlugen. Damit ließ sich zwar immer noch nicht viel mehr über die Natur der Elektrizität sagen, aber Lichtenberg ließ von dem Phänomen nicht mehr ab und führte zum Beispiel den von Benjamin Franklin erfundenen Blitzableiter in Deutschland ein. Er sprach dabei von »Furchtableitern« und brachte einige Exemplare an Gartenhäusern in Göttingen an.

Über seine naturwissenschaftlichen Entdeckungen hinaus hat

Lichtenberg auch über die Methoden seiner Disziplinen nachgedacht und die folgende Anmerkung gemacht (mit der Zeichensetzung wie oben): »Je mehr sich bei der Erforschung der Natur die Erfahrungen und Versuche häufen, desto schwankender werden die Theorien. Es ist aber immer gut sie nicht deswegen gleich aufzugeben. Denn jede Hypothese die gut war, dient wenigstens die Erscheinungen bis auf ihre Zeit gehörig zusammen zu denken und zu behalten. Man sollte die widersprechenden Erfahrungen besonders niederlegen, bis sie sich hinlänglich haben um es der Mühe wert zu machen ein neues Gebäude anzuführen.«

Die Kluft zwischen Empirie und Überzeugung bot Lichtenberg reichlich Anlass zu Träumen, in denen sich auch seine Grundhaltung ausdrückte, eine Einheit der Natur finden zu können. Unter dieser Vorgabe entstand seine Überzeugung, dass Elektrizität und chemische Vorgänge, die damals im Gefolge der Entdeckungen des Franzosen Antoine Lavoisier große Aufmerksamkeit erzielten, eine unendlich größere Rolle in vielen unerklärten Naturerscheinungen spielten, als seine Zeitgenossen wahrhaben wollten. Lichtenberg glaubte, dass feinere Instrumente noch ungeahnte Formen des Magnetismus nachweisen würden und die beiden Kräfte zusammenhingen – was im 19. Jahrhundert in Form einer Theorie des Elektromagnetismus als richtig erkannt wurde.

1777 machte Lichtenberg die Bekanntschaft von Maria Dorothea Stechard, die seine Lebensgefährtin wurde – wie es Gerd Hoffman in dem Roman *Die kleine Stechardin* beschrieben hat. Sie starb 1780. Zwei Jahre später trat Margarete Elisabeth Kellner bei Lichtenberg als Haushälterin ihren Dienst an. Die beiden begannen kurz darauf ein eheähnliches Verhältnis, das erst 1789 legalisiert wurde. Als Lichtenberg 1799 starb, hinterließ er seine Ehefrau und acht Kinder.

Man muss ihn für seine Aphorismen lieben, etwa: »Ich kann freilich nicht sagen, ob es besser werden wird; aber so viel kann ich sagen, es muss anders werden, wenn es gut werden soll.«

*»Kind bleiben bis zum Ende.
Die Kindheit ist das eigentliche
Stadium der Kreativität (...)
Alles, was man dem Kind
beibringt, kann es nicht mehr
selbst erfinden oder entdecken.«*

JEAN PIAGET
(1896–1980)

Der aus Genf stammende Psychologe Jean Piaget befasste sich in seinen lebenslang durchgeführten Forschungen vor allem mit der Entwicklung des kindlichen Denkens im Besonderen und der menschlichen Erkenntnisfähigkeit im Allgemeinen. Die Nachwelt verehrt Piaget als Vater der »genetischen Epistemologie«, wie er diesen Schwerpunkt selbst genannt hat. Piaget hat seine vielfältigen Untersuchungen stets unter der Annahme durchgeführt, dass die Grenzen des Könnens und Erkennens ständig überschritten – vornehmer: transzendiert – werden, wobei die Umwelt zwar eine grundlegende Rolle spielt, aber bei allen Bemühungen ein zu erobernder Gegenstand bleibt. Piaget sprach von einem Prozess der »Äquilibration«, in dem sich das Subjekt an die Umwelt anpasst – das ist die Akkommodation –, während es selbst seine kognitive Entwicklung lenkt und betreibt – in Form einer Assimilation.

Piaget betätigte sich sein Leben lang als interdisziplinärer Grenzgänger zwischen den Natur- und Geisteswissenschaften. Ihn trieb ein Bedürfnis sowohl nach metaphysischem Verstehen als auch nach handfester Erkenntnis mittels Empirie, und sein Ziel bestand in einer solide und experimentell begründeten Theorie der Erkenntnis. In seinem Buch *Weisheit und Illusionen der Philosophie,* 1973 erschienen, stellt Piaget dar, wie er zunächst von den Versprechungen und Vorgaben des philosophischen Denkens gefesselt war – wie viele Leser es bis heute sind, die lieber eine Geschichte der Philosophie als eine der Naturwissenschaften anschauen –, dann aber allmählich erkannte, dass derjenige, der nach Erkenntnis sucht, im philosophischen Treiben keine wirkliche Befriedigung erfahren kann. In dem zitierten Buch führt Piaget seine Gründe aus, die von dem Wunsch, ein Philosoph zu sein, dazu führen, ein Kinderpsychologe oder, wie er sich selbst gerne sah, ein wissenschaftlicher Epistemologe zu werden.

Piagets Interesse an der Entwicklung des kindlichen Denkens hat sicher auch damit zu tun, dass er selbst ein außerordentlich begabtes Kind war. Bereits als Teenager, im Jahre 1912, befasste er sich mit dem Buch über die *Schöpferische Entwicklung* des französischen Philosophen Henri Bergson und hielt am Ende des Lesens fest, dass er dabei »eine tiefe Offenbarung« erfuhr. Die Gedanken Bergsons erlaubten Piaget in seinem Verständnis »von nun an in der Biologie die Erklärung aller Dinge und des Geistes selbst zu sehen«. Piaget betrachtete seit diesem Augenblick das Leben selbst als einen kreativen Vorgang, bei dem immer Neues auftreten kann.

Nach der Maturitätsprüfung (dem Abitur) studiert Piaget zunächst in Genf Biologie. Im Herbst 1918 wechselt er nach Zürich, um die Methoden der experimentellen Psychologie kennenzulernen. Seine Überzeugung festigt sich, »dass man auf allen Ebenen (derjenigen der Zelle, des Organismus, der Art, der Begriffe, der logischen Prinzipien usw.) dasselbe Problem der Beziehungen zwischen dem Teil und dem Ganzen wiederfindet«, wie er in seinem Buch *Das Weltbild des Kindes* schreibt. Bei dessen Analyse findet Piaget »die enge Verbindung zwischen der Philosophie und der Biologie auf, von der ich geträumt hatte«. Piaget sieht seinen Traum in Erfüllung gehen, nämlich »die Möglichkeit einer Epistemologie, die mir nun wirklich wissenschaftlich erschien«. Die weitere Suche danach führt den 23-Jährigen Piaget nach Paris, wo sein wissenschaftliches Leben endgültig die entscheidende Richtung bekommt.

Psychologen hatten damals begonnen, Kinder mithilfe von Intelligenztests zu untersuchen. Bei dem Versuch, die Fragebögen zu standardisieren, war Piaget bald mehr von den »falschen« Antworten gefesselt, weil die »Fehler« offenbar nicht zufällig zustande kamen, sondern in verschiedenen Altersstufen in typischer Form auftraten. Piaget bemerkte zum Beispiel, dass Kinder bis ins neunte oder zehnte Lebensjahr hinein den Unterschied zwischen Sätzen wie »Alle meine Blumen sind rot« und »Einige meiner Blumen sind rot« nicht verstehen. Und als er eine Menge Münzen so anordnete, dass sie in zwei Reihen paarweise gegenüber zu liegen kamen, bemerkte er, dass Kinder im Alter von vier bis fünf Jahren zwar erkennen, dass in beiden Reihen gleich viele Münzen liegen, dass sie aber auch meinen, die Zahl der Münzen ändere sich, wenn man die Paarbildung aufhebt. Wenn eine der beiden Reihen auseinandergezogen wird, vermuten Kinder noch im sechsten Lebensjahr, die längere Reihe enthalte mehr Münzen. Erst wenn sie älter sind, treffen sie sichere Aussagen über die Anzahl, und sie begründen jetzt auch, was sie sagen – wobei Piaget sich nicht scheute, viele dieser Experimente mit den eigenen drei Kindern durchzuführen, was sicher der ganzen Familie Spaß gemacht hat.

Piaget war auf jeden Fall begeistert. Er hatte »eine Art Embryologie der Intelligenz« entdeckt und wollte von nun an im Detail verstehen, wie die Kategorien des Denkens im kindlichen Kopf hervorgebracht werden. Er stellte sich die menschliche Intelligenz dabei als Strategie vor, mit deren Hilfe die wahrgenommene Wirklichkeit aktiv konstruiert – besser: re-konstruiert – wird, und er schrieb unentwegt auf, was er beobachten konnte. Piaget publizierte zahlreiche Bücher, und als er 1967 sein Spätwerk *Biologie und Erkenntnis* vorlegte, entwickelte er darin ein weiteres Forschungsprogramm, in dessen Rahmen die Prinzipien und Gesetzmäßigkeiten erkundet werden sollten, denen die kognitiven Entwicklungsprozesse gehorchen. Und ganz zuletzt ging es ihm um einen Vergleich zwischen der Wissenschaftsgeschichte und der geistigen Entwicklung von Kindern. Wie finden Kinder zum Beispiel den Weg zu den Atomen? Piaget fragte sich, wie die Jahre kindlicher Entwicklung und die Jahrtausende der Menschheitsgeschichte zusammenhängen. Zwar meinten viele, so Piaget, »das Kind imitiert in seinen ersten zwölf Lebensjahren die Ergebnisse dreitausendjähriger Forschung, (…) aber ich ziehe die umgekehrte Formulierung eindeutig vor: es ist die Wissenschaftsgeschichte, die den Werdegang des Einzelnen rekapituliert«.

»Der Mensch hat keine eindeutige Natur, sei sie statisch oder dynamisch, denn er erschafft sich selber. Der Mensch erschafft seine eigenen Werte, und dabei verändert er sich.«

ISAIAH BERLIN
(1909–1997)

Isaiah Berlin hat nicht als Wissenschaftler gearbeitet, sondern war ein Philosoph, der sich bemüht hat, eine Geschichte der Ideen zu entwerfen. Der aus dem damals russischen Riga stammende Gelehrte ist über Umwege am Ende des Ersten Weltkriegs mit seiner Familie nach London gelangt. 1932 hat er eine Stelle am All Souls College in Oxford bekommen, der Universitätsstadt also, in der er die meiste Zeit seines Lebens verbracht hat und im hohen Alter gestorben ist.

Berlin hat zunächst über russische oder für Russland relevante Denker gearbeitet – seine erste Veröffentlichung galt den Werken von Karl Marx – und sich später durch seine umstrittene Unterscheidung zwischen positiver und negativer Freiheit einen Namen unter seinen Kollegen gemacht. Diese Unterscheidung fragt zunächst, wie viele Türen einem Menschen offenstehen, und dann, was er unternimmt, wenn er eine davon gewählt und sie durchschritten hat. Es geht Berlin also um eine »Freiheit von einem äußeren Zwang« und eine »Freiheit zu einem selbstbestimmten Dasein«, was hier jedoch nicht vertieft werden soll. Vielmehr wollen wir auf eine andere Unterscheidung hinweisen, die sich an dieser Stelle anschließen lässt und für die Naturwissenschaften relevant wird.

In seinen Untersuchungen zur Ideengeschichte hat Berlin vielfach »Die Revolution der Romantik« (wie auch ein Essay von ihm heißt) ins Auge gefasst, denn seiner Ansicht nach wird sie nicht genügend in Betracht gezogen, wenn Versuche unternommen werden, die Geschichte des abendländischen Denkens zu verstehen. »Die von uns Romantik genannte Bewegung veränderte die Ethik und die Politik der Neuzeit in einem viel größeren Ausmaß, als uns bisher bewusst geworden ist«, betont Berlin in zahlreichen Schriften. Er stellt zunächst fest, dass die Romantiker zwischen Tatsachen und Werten unterscheiden und von Anfang an klarmachen, »dass Antworten auf Wertfragen überhaupt nicht an spezielle Fachkenntnisse gebunden« sind, »da jeder vernünftige Mensch (und jeder Mensch könnte vernünftig sein) die Antwort auf diese grundlegenden sittlichen Fragen selbst herausfinden könnte«. Und dann notiert er in seinem Essay über »Die Revolution der Romantik« eine für den Verfasser dieser Zeilen grundlegende Einsicht:

»Ich glaube erstens, dass bestimmte Romantiker die tiefste Wurzel der humanistischen Weltsicht gekappt haben: die nämlich, dass sittliche Werte, also die Antworten auf die Frage nach dem rechten Handeln und den damit verbundenen Entscheidungen, gefunden werden können; und dass diese Denker davon ausgingen, dass es auf einige dieser Fragen überhaupt keine Antworten gebe, weder subjektive noch objektive, weder empirische noch apriorische. Zweitens, so glaube ich, stand für sie keineswegs fest, dass Werte einander nicht prinzipiell widersprechen können oder dass es, wenn sie sich widersprechen, einen Ausweg geben kann. Und sie glaubten (...), dass dies zu leugnen eine Form der Selbsttäuschung sei, naiv, oberflächlich, jämmerlich und immer verhängnisvoll. Drittens behaupte ich, dass die Romantiker mit ihrer positiven Doktrin ein neues Wertesystem einführten, das mit dem alten unvereinbar war, und die Mehrzahl der heutigen Europäer Erben dieser beiden gegensätzlichen Traditionen sind. Wir akzeptieren beide Systeme und springen zwischen ihnen hin und her, auf eine Weise, die wir, wenn wir ehrlich mit uns selbst sind, nicht vermeiden können, die aber jeder intellektuellen Schlüssigkeit entbehrt.«

Berlin spricht von einer Umkehrung der Werte, die drei zentrale Grundannahmen der alten Weltsicht zerstört. »Erstens hat der Mensch keine eindeutige Natur, sei sie statisch oder dynamisch, denn er erschafft sich selber. Zweitens ist kein System objektiver Aussagen zur Beschreibung dieser Werte möglich, da sie nicht entdeckt, sondern erschaffen werden. Und schließlich (drittens) müssen die Werte verschiedener Zivilisationen und Nationen oder Individuen nicht notwendigerweise übereinstimmen.«

Berlin fragt in diesem Zusammenhang, ob »Wissen und Glück immer miteinander vereinbar sein« müssen, was die Möglichkeit gibt, auf die Naturwissenschaften sprechen zu kommen. Der Philosoph selbst erwähnt sie zwar nicht explizit, sie lassen sich jedoch in seinen Gedankenkreis einbeziehen. Vor der Romantik glaubte man erstens, »dass es auf alle sinnigen Fragen auch eine Antwort gibt«, man glaubte zweitens, »dass all diese Antworten gefunden werden können, dass sie sich durch Mittel aufdecken lassen, die erlernt und anderen Personen beigebracht werden können«, und man glaubte drittens, »dass all diese Antworten miteinander vereinbar sein müssten«. Dabei gibt es einen Weg, diese Antworten zu erlangen, »nämlich durch den korrekten Gebrauch der Vernunft, deduktiv wie in der Mathematik oder induktiv wie in den Naturwissenschaften«.

Die letzten Zitate stammen aus Berlins Buch *Die Wurzeln der Romantik*, in dem er herausarbeitet, »die Welt ist das, was die Menschen aus ihr gemacht haben«. Dieser Gedanke lässt sich auf das Treiben der Naturwissenschaften übertragen. Ihre Welt ist das, was Menschen aus den Gegenständen gemacht haben, für die sie sich interessieren. In den Naturwissenschaften werden keine Entdeckungen gemacht, obwohl dies dauernd in Texten von nicht gut informierten Philosophen zu lesen ist. »Physikalische Theorien sind freie Erfindungen des menschlichen Geistes«, wie Albert Einstein immer wieder betont und was Berlin so ausdrücken würde: Wissenschaft gelingt im Modus der Kunst.

Forscher entwerfen den Gegenstand, den sie erfassen wollen, und geben ihm die Form, mit dem sie das Verständnis erreichen, das sie anstreben und das ihnen möglich ist. Das künstlerische und kreative Element der Wissenschaft wird nirgends so deutlich wie in der Quantenmechanik, deren Urheber Werner Heisenberg ausdrücklich sagt, dass die Bahn eines Elektrons in einem Atom nur dadurch zustande kommt, dass ein menschlicher Beobachter oder Wissenschaftler sie beschreibt. Auch die Naturwissenschaften kennen eine Revolution der Romantik, nur haben die meisten ihrer Betrachter sie weder bemerkt noch verstanden.

»Bis zu meinem letzten Atemzug
werde ich fest glauben, dass die
Wissenschaft das Wichtigste,
das Schönste und das Notwendigste
im menschlichen Leben,
dass sie die höchste Offenbarung
der Liebe ist.«

ANTON TSCHECHOW
(1860–1904)

Anton Tschechow ist kein Wissenschaftler – und er gehört mehr nach Russland als in den Westen. Aber der vielfach verehrte und ständig auf dem Bühnenspielplan zu findende Schriftsteller hat 1879 ein Studium der Medizin an der Moskauer Staatsuniversität durchgeführt und abgeschlossen. 1890 hat er die Insel Sachalin besucht, auf die Sträflinge und politische Gefangene verbannt wurden. Tschechow verbrachte drei Monate auf Sachalin und betätigte sich in dieser Zeit als Arzt, Forscher und Soziologe, wie der Darstellung seiner Erlebnisse und Eindrücke in dem Buch *Die Insel Sachalin* zu entnehmen ist.

Anfang der 1890er-Jahre gehörte Tschechow bereits zu den meistgelesenen Schriftstellern seines Landes. Er publizierte Kurzgeschichten seit 1886, wobei er die ersten Erzählungen noch während des Studiums verfasste. Doch auch als Tschechow nach dem Examen Arzt in Woskresensk, dem heutigen Istra, wurde, schrieb er weiter. Und nach und nach wurde aus der Nebentätigkeit das Hauptarbeitsfeld: Tschechow entdeckte das Schreiben als seine Berufung.

Als Tschechow das Schreiben zu seiner Haupttätigkeit machte, kaufte er ein Haus in Melichowo, einem Dorf nicht weit von der Hauptstadt Moskau entfernt. Hier entstanden einige seiner bekannten Werke, unter anderem die immer wieder aufgeführten Dramen »Die Möwe« und »Onkel Wanja« und Erzählungen wie »Der schwarze Mönch« und »Der Mann im Futteral«. Zwar gilt Tschechow als lebenslustiger und witziger Mensch, der einen feinen Sinn für Humor hatte und in der Lage war, mühelos Gesellschaften zu unterhalten. Aber zugleich fühlte er sich einsam und ernst. Ein anständiger Mensch konnte seiner Ansicht nach nur jemand sein, der hart arbeitet und dabei für das Wohl von anderen sorgt.

Als Tschechow die Insel Sachalin verließ, führte ihn seine Rückkehr nach Moskau über den Indischen Ozean, und er besuchte Hongkong und Singapur. Er fuhr weiter nach Europa und über das Mittelmeer bis Odessa am Schwarzen Meer. Bei dieser Fahrt machte Tschechow jedoch keinen Halt in Europa. Dies passierte erst 1891, als er mit seinem Verleger Venedig, Wien, Florenz und Rom besuchte, den Vesuv bestieg und über Nizza und Monte Carlo nach Paris kam. Zu dieser Zeit wurden seine Theaterstücke auf den führenden Bühnen in Moskau und St. Petersburg gespielt, also »Die Möwe«, »Der Kirschgarten« und »Die drei Schwestern«. Gemessen an der Zahl der Aufführungen können Tschechows Stücke es mit den Dramen von William Shakespeare aufnehmen.

In den 1890er-Jahren engagierte sich der erfolgreiche Schriftsteller und Theaterautor auf soziale Weise, indem er Schulen für Bauernkinder einrichtete, sich am Straßenbau beteiligte, Baumpflanzaktionen organisierte und gegen die Cholera-Epidemie kämpfte, die Russland in den Jahren 1892/93 heimsuchte.

Tschechow nannte seine Theaterstücke gerne Komödien, was einen Zuschauer oder Leser verwirren kann. Es geht nicht um Slapstick und einen lustigen Abend mit viel Gelächter. Es geht – ganz im Sinne der »Comédie Humaine« von Honoré de Balzac – um letzte Dinge und große Fragen der Menschheit. Tschechow gelingt es immer wieder, die dazugehörenden erhabenen Momente ins Lächerliche abkippen zu lassen. In »Die Möwe« etwa betrachten eine Figur namens Trigorin und ein Mädchen namens Nina eine Möwe, die jemand abgeschossen hat. Trigorin notiert etwas in einem Buch, und Nina fragt: »Was schreiben Sie da?«

Der Gefragte antwortet: »Ich mache mir Notizen … Der Stoff zu einer kleinen Erzählung: Am Ufer eines Sees lebt von Kindheit an ein junges Mädchen, ganz so wie Sie. Es liebt den See und ist glücklich und frei wie die Möwe. Zufällig aber kam ein Mensch, sah die Möwe, und weil er nichts Besseres zu tun hatte, vernichtete er ihr Leben, ganz wie hier das der Möwe.«

1898 lernte Tschechow die bekannte Schauspielerin Olga Knipper kennen, die Hauptrollen in seinen Theaterstücken spielte. Im Mai 1901 feierte das Paar seine Hochzeit, was aber nicht bedeutete, dass die beiden ein gemeinsames Leben führen konnten. Tschechows Gesundheit war ziemlich angegriffen. Er litt unter Tuberkulose und musste monatelang auf Jalta leben, getrennt von seiner Frau, die in Moskau weiter Erfolge auf der Bühne feierte. Die damals ausgetauschten Briefe zeigen aber deutlich, wie sehr die beiden sich liebten und wünschten, dass sie zusammenkommen könnten.

Im Frühjahr 1904 verschlechterte sich Tschechows Zustand, und er fuhr – in Begleitung seiner Frau – in den Heilkurort Badenweiler, also nach Deutschland. Seine Krankheit war aber zu weit fortgeschritten. Niemand konnte Tschechow mehr helfen. So bestellte er ein Glas Champagner, schaute es an, trank es aus, und starb. Bevor es so weit war, fragte er seine Frau: »Du willst sicher von mir wissen, was das Leben ist? Ich antworte, das ist so, als ob du fragst, was eine Mohrrübe ist. Eine Mohrrübe ist eine Mohrrübe. Und mehr gibt es nicht zu sagen.« Ein Jahr später sollte Albert Einstein auf die Frage, »Was ist das Licht?« so antworten wie Tschechow bei der Möhre. »Das Licht ist das Licht, und mehr ist da nicht zu sagen.« Man kann aber eine Menge über das Geheimnis wissen, das im Licht steckt. Ein Geheimnis bleiben alle drei aber trotzdem – das Licht, das Leben und die Mohrrübe, die das Licht zum Leben braucht.

QUELLEN DER ERKENNTNISSE

ASTRONOMIE UND PHYSIK

Galileo Galilei

»Ich fühle mich nicht zu dem Glauben verpflichtet, dass derselbe Gott, der uns mit Sinnen, Verstand und Vernunft ausgestattet hat, von uns verlangt, dieselben nicht zu benutzen.«

Aus Galileo Galilei, *Sidereus Nuncius – Nachricht von neuen Sternen,* Frankfurt am Main 1965.

Johannes Kepler

»Erkennen heißt, das äußerlich Wahrgenommene mit den inneren Ideen zusammenbringen und ihre Übereinstimmung beurteilen, was (man) sehr schön ausgedrückt hat mit dem Wort ›Erwachen‹ wie aus einem Schlaf.«

Zitiert nach Ernst Peter Fischer, *Die aufschimmernde Nachtseite der Wissenschaft,* Lengwil (CH) 1995.

Isaac Newton

»In der Wissenschaft gleichen wir alle nur den Kindern, die am Rande des Wissens hie und da einen Kieselstein aufheben, während sich der weite Ozean des Unbekannten vor unseren Augen erstreckt.«

Aus der Newton-Biografie von Richard S. Westfall, *Never at Rest,* Cambridge 1980.

Michael Faraday

»Es hat Gott gefallen, seine materielle Schöpfung mit Hilfe von Gesetzen zustande zu bringen. Der Schöpfer beherrscht seine materiellen Hervorbringungen durch definitive Gesetze, die durch die Kräfte zustande kommen, die auf die Materie einwirken.«

Aus Jost Lemmerichs Biografie *Michael Faraday*, München 1991.

James Clerk Maxwell

»Vielleicht ist das ›Buch der Natur‹ (...) Seite für Seite ordentlich aufgebaut. Wenn das der Fall ist, dann (können) die Methoden, die uns in den ersten Kapiteln beigebracht worden sind (...) als Anleitung für die fortgeschrittenen Partien des Kurses dienen. Wenn es aber gar kein ›Buch‹ gibt, wenn die Natur nur ein Magazin ist, dann ist nichts dümmer als die Annahme, dass ein Teil Licht auf den anderen werfen kann.«

Aus der Biografie von C.W.F. Everitt, *James Clerk Maxwell – Physicist and Natural Philosopher*, New York 1975.

Hermann von Helmholtz

»Das Gebiet, welches der unbedingten Herrschaft der vollendeten Wissenschaft unterworfen werden kann, ist leider sehr eng, und schon die organische Welt entzieht sich ihm größtenteils.«

Aus Hermann von Helmholtz, *Reden und Vorträge*, Bd. 1, Hamburg 2013.

Ludwig Boltzmann

»So lange die Alchimisten den Stein der Weisen suchten, die Kunst des Goldmachens anstrebten, waren alle ihre Versuche fruchtlos; erst die Beschränkung auf scheinbar wertlose Fragen schuf die Chemie.«

Aus Ludwig Boltzmann, *Populäre Schriften*, Braunschweig 1979.

Heinrich Hertz

»Wir machen uns innere Scheinbilder oder Symbole der äußeren Gegenstände, und zwar machen wir sie von solcher Art, dass die denknotwendigen Folgen der Bilder stets wieder Bilder seien von den naturnotwendigen Folgen der abgebildeten Gegenstände.«

Aus Albrecht Fölsings Biografie *Heinrich Hertz*, Hamburg 1997.

Werner von Siemens

»Es kommt nicht darauf an, mit dem Kopf durch die Wand zu rennen, sondern mit den Augen die Türe zu finden.«

Aus Martin Grünstäudl, *Die schönsten Zitate für Erfolg und Lebensglück*, Zwettl 2012.

Max Planck

»Es ist der fortgesetzte, nie erlahmende Kampf gegen Skeptizismus und gegen Dogmatismus, gegen Unglaube und gegen Aberglaube, den Religion und Naturwissenschaft gemeinsam führen, und das richtungsweisende Losungswort in diesem Kampf lautet von jeher: Hin zu Gott.«

Aus Max Plancks Rede »Religion und Naturwissenschaft«, enthalten in *Vorträge und Erinnerungen*, Darmstadt 1969.

Albert Einstein

»Das Schönste, was wir erleben können, ist das Geheimnisvolle. Es ist das Grundgefühl, das an der Wiege von wahrer Wissenschaft und Kunst steht. Wer es nicht kennt und sich nicht mehr wundern, nicht mehr staunen kann, der ist sozusagen tot und sein Auge ist erloschen.«

Aus Albert Einstein, »Wie ich die Welt sehe«, in: Ders., *Mein Weltbild*, 27. Aufl., Berlin 2001.

Lise Meitner

»Die Wissenschaft (…) lehrt Menschen, Tatsachen anzuerkennen, sich wundern und bewundern können, gar nicht zu reden von der tiefen Freude und Ehrfurcht, die die Gesetzmäßigkeit des Naturgeschehens dem wahren Wissenschaftler schenkt.«

Enthalten in Ruth L. Simes Biografie *Lise Meitner. Ein Leben für die Physik*, Frankfurt am Main 2001.

Marie Curie

»Gibt es etwas Schöneres als die unveränderlichen Regeln, die die Welt regieren, etwas Wunderbareres als den menschlichen Geist, der fähig ist, sie zu entdecken? Wie leer (…) scheinen Romane und Märchen neben diesen außerordentlichen Phänomenen, die durch harmonische Gesetze miteinander verbunden sind!«

Enthalten in Barbara Goldsmiths Biografie *Obsessiv Genius – The Inner World of Marie Curie*, New York 2005.

Niels Bohr

»Wir haben schmutziges Spülwasser und schmutzige Küchentücher, und doch gelingt es, damit die Teller und Gläser schließlich sauberzumachen. So haben wir in der Sprache unklare Begriffe und eine in ihrem Anwendungsbereich in unbekannter Weise eingeschränkte Logik, und doch gelingt es, damit Klarheit in unser Verständnis der Natur zu bringen.«

Berichtet von Werner Heisenberg in dessen Autobiografie *Der Teil und das Ganze*, München 1969.

Werner Heisenberg

»Vielleicht wird bei der zukünftigen Gestaltung der Welt die Wissenschaft eine größere Rolle spielen als bisher; nicht so sehr deshalb, weil sie zu den Voraussetzungen der politischen Macht gehört, sondern weil sie die Stelle ist, an der die Menschen unserer Zeit der Wahrheit gegenübertreten.«

Aus dem nachgelassenen Manuskript »Ordnung der Wirklichkeit«, in: Werner Heisenberg, *Gesammelte Werke,* Band C1, München 1984.

Max Born

»Ich gehöre zu der Generation, die noch zwischen Verstand und Vernunft unterscheidet. Von diesem Standpunkt ist die Raumfahrt ein Triumph des Verstandes und ein Versagen der Vernunft.«

Aus Max Born, *Physik im Wandel meiner Zeit,* Braunschweig 1986.

Wolfgang Pauli

»Man darf auch einen Weltschöpfer nicht gefühlsmäßig *überfordern* mit Wünschen nach garantierter Gesundheit für Gerechte. Es gibt ja noch viele Dinge auf Erden, die so ein geplagter Weltschöpfer berücksichtigen muss und die ich noch gar nicht verstehe; da muss man schließlich froh sein, dass er es *so* weit gebracht hat.«

Aus dem Essayband von Wolfgang Pauli, *Physik und Erkenntnistheorie,* Braunschweig 1984.

Erwin Schrödinger

»Wenn wir unser wahres Ziel (unmittelbares, durchdringendes und vollständiges Wissen) nicht für immer aufgeben wollen, dann (müssen sich) einige von uns an die Zusammenschau von Tatsachen und Theorien wagen, auch wenn ihr Wissen aus zweiter Hand stammt und unvollständig ist – und sie Gefahr laufen, sich lächerlich zu machen.«

Aus dem Vorwort zu Erwin Schrödinger, *Was ist Leben?,* München 1989.

Victor Weisskopf

»Ich kann nicht ständig in der wissenschaftlichen Sphäre leben. Ich brauche den Wechsel zu anderen Perspektiven, wie sie die Musik und andere Künste bieten. Es gibt die Redensart, ›Morgens vollziehe ich die Kehrtwende vom Mysterium zur Realität, abends die Kehrtwende von der Realität zum Mysterium‹. Wir brauchen solche unterschiedlichen Zugänge.«

Aus Victor Weisskopfs Autobiografie *Mein Leben*, Bern 1991.

J. Robert Oppenheimer

»In der Wissenschaft werden die tiefgehenden Dinge nicht gefunden, weil sie nützlich sind, sondern weil es möglich war, sie zu finden.«

Aus J. Robert Oppenheimer, *Atomkraft und menschliche Freiheit,* Reinbek 1957.

Carl Friedrich von Weizsäcker

»Man wird nicht sagen dürfen, dass die Physik die Geheimnisse der Natur wegerkläre, sondern dass sie sie auf tieferliegende Geheimnisse zurückführe.«

Aus Carl Friedrich von Weizsäcker, *Zum Weltbild der Physik*, 3. Aufl., Stuttgart 1943.

Richard P. Feynman

»Wissenschaft ist wie Sex. Manchmal kommt etwas Sinnvolles dabei heraus. Dies ist aber nicht der Grund, warum wir es tun.«

Aus Richard P. Feynman, *Sie belieben wohl zu scherzen, Mr. Feynman*, München 1985.

MATHEMATIK UND INFORMATIK

Carl Friedrich Gauß

»Wie der Blitz einschlägt, hat sich das Räthsel gelöst; ich selbst wäre nicht im Stande, den leitenden Faden zwischen dem, was ich vorher wußte, dem, womit ich die letzten Versuche gemacht hatte – und dem, wodurch es gelang, nachzuweisen …«

Aus der Biografie von Hubert Mania, *Gauß*, 2. Aufl., Reinbek 2008.

David Hilbert

»Ein alter französischer Mathematiker hat gesagt: Eine mathematische Theorie ist nicht eher als vollkommen anzusehen, als bis du sie so klar gemacht hast, dass du sie dem ersten Mann erklären könntest, den du auf der Straße triffst.«

Aus David Hilbert, *Natur und mathematisches Erkennen*, Basel 1992.

Norbert Wiener

»Eine Zivilisation schreitet durch die Zahl der wichtigen Operationen voran, die wir ausführen können, ohne darüber nachdenken zu müssen.«

Aus Norbert Wiener, *Mensch und Menschmaschine – Kybernetik und Gesellschaft*, Frankfurt am Main 1966.

Alan Turing

»A computer would deserve to be called intelligent if it could deceive a human into believing that it was human.« (»Man dürfte einen Computer intelligent nennen, sofern er einen Menschen dazu bringt, in ihm einen Menschen zu sehen.«)

Aus George Dyson, *Turings Kathedrale – Die Ursprünge des digitalen Zeitalters*, Berlin 2014.

Konrad Zuse
»Die Gefahr, dass der Computer so wird wie der Mensch, ist nicht so groß wie die Gefahr, dass der Mensch so wird wie der Computer.«

Entnommen aus der *Hersfelder Zeitung*, Ausgabe vom 12. September 2005.

NATURFORSCHUNG UND BIOLOGIE

Francis Bacon
»Menschliches Wissen und menschliche Macht treffen in einem zusammen; denn bei der Unkenntnis der Ursache versagt sich die Wirkung. Die Natur kann nur beherrscht werden, wenn man ihr gehorcht.«

Aus dem *Novum Organon* von 1620 (das Buch gibt es in vielen Neuauflagen).

Benjamin Franklin
»Wer die Freiheit aufgibt, um Sicherheit zu gewinnen, wird am Ende beides verlieren.«

Aus Joachim Schaffer-Suchomel, Klaus Krebs und Rüdiger Dahlke, *Du bist, was du sagst,* München 2006.

Alexander von Humboldt
»Die gefährlichste Weltanschauung ist die Weltanschauung der Leute, die die Welt nie angeschaut haben.«

Aus dem Band *Über die Freiheit des Menschen*, hrsg. von Manfred Osten, Frankfurt am Main 1999.

Charles Darwin
»Als ich mich als Naturforscher an Bord des ›Beagle‹ befand, war ich aufs höchste überrascht durch gewisse Merkwürdigkeiten

in der Verbreitung der Tiere und Pflanzen Südamerikas. (Mir) schienen diese Tatsachen Licht zu werfen auf die Entstehung der Arten, das Geheimnis aller Geheimnisse.«

Aus Charles Darwin, *Die Fahrt der Beagle,* Frankfurt am Main 2010.

Konrad Lorenz

»Die Wissenschaft kann nicht nur, sondern muss schlechterdings alles, was es in der Welt gibt, zum Gegenstand ihrer Forschung machen.«

Aus Konrad Lorenz, *Die Rückseite des Spiegels,* München 1973.

CHEMIE UND MEDIZIN

Justus von Liebig

»Die Wissenschaft fängt eigentlich da erst an interessant zu sein, wo sie aufhört.«

Aus William Brocks Biografie *Justus von Liebig*, Braunschweig 1999.

Robert Wilhelm Bunsen

»Ein Chemiker, der kein Physiker ist, ist gar nichts.«

Zitiert nach einer Gedenkrede an Robert W. Bunsen, zu finden in Ders., *Gesammelte Abhandlungen*, Leipzig 1904.

Louis Pasteur

»Wenn die Wissenschaft auch kein Vaterland hat, so soll der Wissenschaftler doch eines haben, und ihm soll er die Auswirkung zukommen lassen, die seine Arbeiten in der Welt haben können.«

Aus Gerald L. Geisons Biografie *The Private Science of Louis Pasteur*, Princeton 1995.

Robert Koch

»Die Frage ist so gut, dass ich sie nicht durch meine Antwort verderben möchte.«

Aus Rainer Oberthür, *So viele Fragen stellt das Leben,* München 2010.

Rudolf Virchow

»Es wird ja fleißig gearbeitet und viel mikroskopiert, aber es müsste mal wieder jemand einen gescheiten Gedanken haben.«

Aus Manfred Vasolds Biografie *Rudolf Virchow – Ein großer Arzt und Politiker*, München 1991.

Wilhelm Conrad Röntgen

»Ich dachte nicht, ich untersuchte.«

Aus Albrecht Fölsings Biografie *Wilhelm Conrad Röntgen – Aufbruch ins Innere der Materie*, München 1995.

Albert Schweitzer

»Die Wissenschaft, richtig verstanden, heilt den Menschen von seinem Stolz; denn sie zeigt ihm seine Grenzen.«

Zitiert nach der Albert Schweitzer Stiftung für unsere Mitwelt

MOLEKULARBIOLOGIE UND GENETIK

Max Delbrück

»Ich habe schon früh entdeckt, dass man als Wissenschaftler die Welt stärker verändern kann als Cäsar. Und während man das tut, kann man ganz ruhig in einer Ecke sitzen.«

Aus Ernst Peter Fischers Biografie *Licht und Leben (Max Delbrück)*, Konstanz 1985.

Sidney Brenner

»Mit den schwierigen Fragen der Biologie muss man so umgehen, wie mit den Einkommenssteuern – man muss alles tun, um ihnen aus dem Weg zu gehen. Nur Physiker streben nach der optimalen Lösung. Biologie ist die Kunst, eine zufriedenstellende Antwort zu finden. Und zufrieden ist man, solange alle Enden offen sind.«

Aus Sidney Brenner, *My Life in Science,* London 2001.

Barbara McClintock

»Ein guter Biologe braucht ein Gefühl für den Organismus, den er für seine Forschungen gewählt hat. Und Organismus – das hört nicht mit einer Pflanze oder einem Tier auf. Jede Komponente des Organismus hat genau so viel von einem Organismus an sich wie jeder weitere Teil.«

Aus Evelyn Fox Kellers Biografie *A Feeling for the Organism – The Life and Work of Barbara McClintock,* San Francisco 1983.

James D. Watson

»If you are the smartest person in a room, you are in the wrong room.« (»Wenn du der klügste Mensch in einem Zimmer bist, dann bist du im falschen Zimmer.«)

Aus James D. Watson, *Gene, Girls and Gamow,* New York 2002.

Francis Crick

»Was einen wirklich interessiert, ist das, worüber man plaudert. Ohne zu zögern wandte ich den Test auf die Gespräche an, die ich in letzter Zeit geführt hatte. Und binnen kurzem konnte ich meine Interessen einengen.«

Aus Francis Cricks Autobiografie *Ein irres Unternehmen*, München 1990.

Jacques Monod

»A curious aspect of the theory of evolution is that everbody thinks he understands it.« (»Ein seltsamer Aspekt der Evolutionstheorie ist, dass jedermann sie zu verstehen meint.«)

Aus Jacques Monod, *Zufall und Notwendigkeit,* München 1979.

François Jacob

»Wissen ist das wirksamste Mittel, das der Mensch gefunden hat, um neben Gott bestehen zu können.«

Aus François Jacobs Autobiografie *Die innere Statue,* Zürich 1988.

NOCH MEHR ERKENNTNISSE

Georg Christoph Lichtenberg

»Es ist fast unmöglich, die Fackel der Wahrheit durchs Gedränge zu tragen, ohne jemandem den Bart zu sengen.«

Lichtenberg, *Sudelbuch* G, 1779–1788 [G 13].

Jean Piaget

»Kind bleiben bis zum Ende. Die Kindheit ist das eigentliche Stadium der Kreativität (...) Alles, was man dem Kind beibringt, kann es nicht mehr selbst erfinden oder entdecken.«

Aus Jean Piaget, *Weisheit und Illusionen der Philosophie,* Frankfurt am Main 1974.

Isaiah Berlin

»Der Mensch hat keine eindeutige Natur, sei sie statisch oder dynamisch, denn er erschafft sich selber. Der Mensch erschafft seine eigenen Werte, und dabei verändert er sich.«

Aus Isaiah Berlin, »Die Revolution der Romantik«, in: Ders., *Wirklichkeitssinn*, Frankfurt am Main 1996.

Anton Tschechow
»Bis zu meinem letzten Atemzug werde ich fest glauben, dass die Wissenschaft das Wichtigste, das Schönste und das Notwendigste im menschlichen Leben, dass sie die höchste Offenbarung der Liebe ist.«

Zu finden unter gutzitiert.de.